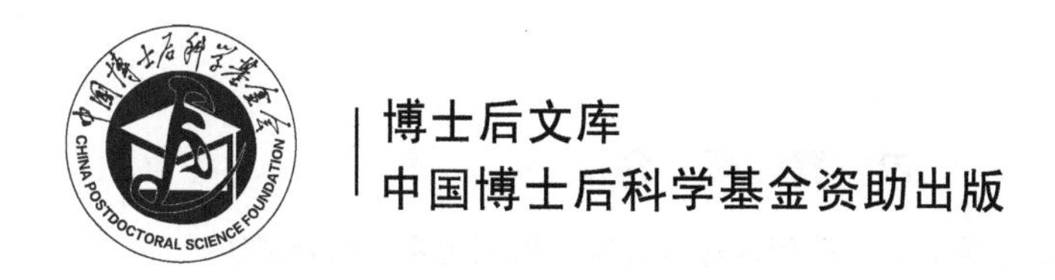

综采装备虚实融合运行模式探索与实践：

从 XR、数字孪生、CPS 到工业元宇宙

谢嘉成 著

科学出版社

北 京

内 容 简 介

本书面向煤矿综采装备，采用以虚拟现实、增强现实、混合现实为代表的扩展现实技术，与数字孪生、信息物理系统、工业元宇宙等概念深度融合，形成一种虚实融合的综采工作面运行模式，并将这一模式划分为四个阶段，针对各阶段的特点分别以数字化智能产品服务系统、测试与评估系统、闭环协同运行系统和工业元宇宙系统进行实践，重点叙述各系统的关键技术、设计要点和工业应用。

本书可为工业场景和装备的虚拟设计、数字孪生、信息物理系统、智能控制技术在工程领域的融合应用提供依据和参考，可供从事机械现代设计、虚拟仿真技术研究、人机交互装备研发的科研和工程技术人员，以及高等院校相关专业的研究生和高年级本科生使用和参考。

图书在版编目（CIP）数据

综采装备虚实融合运行模式探索与实践：从XR、数字孪生、CPS到工业元宇宙 / 谢嘉成著. —北京：科学出版社，2024.6

（博士后文库）

ISBN 978-7-03-077405-7

Ⅰ. ①综…　Ⅱ. ①谢…　Ⅲ. ①煤矿开采-综采工作面-采煤设备-信息融合-研究　Ⅳ. ①TD421.6

中国国家版本馆CIP数据核字（2023）第253074号

责任编辑：陈　婕 / 责任校对：任苗苗
责任印制：吴兆东 / 封面设计：陈　敬

科学出版社 出版
北京东黄城根北街16号
邮政编码：100717
http://www.sciencep.com
涿州市般润文化传播有限公司印刷
科学出版社发行　各地新华书店经销
*
2024年6月第　一　版　开本：720×1000　1/16
2025年1月第二次印刷　印张：11　1/4
字数：224 000

定价：98.00元

（如有印装质量问题，我社负责调换）

“博士后文库”序言

1985 年，在李政道先生的倡议和邓小平同志的亲自关怀下，我国建立了博士后制度，同时设立了博士后科学基金。30 多年来，在党和国家的高度重视下，在社会各方面的关心和支持下，博士后制度为我国培养了一大批青年高层次创新人才。在这一过程中，博士后科学基金发挥了不可替代的独特作用。

博士后科学基金是中国特色博士后制度的重要组成部分，专门用于资助博士后研究人员开展创新探索。博士后科学基金的资助，对正处于独立科研生涯起步阶段的博士后研究人员来说，适逢其时，有利于培养他们独立的科研人格、在选题方面的竞争意识以及负责的精神，是他们独立从事科研工作的“第一桶金”。尽管博士后科学基金资助金额不大，但对博士后青年创新人才的培养和激励作用不可估量。四两拨千斤，博士后科学基金有效地推动了博士后研究人员迅速成长为高水平的研究人才，“小基金发挥了大作用”。

在博士后科学基金的资助下，博士后研究人员的优秀学术成果不断涌现。2013 年，为提高博士后科学基金的资助效益，中国博士后科学基金会联合科学出版社开展了博士后优秀学术专著出版资助工作，通过专家评审遴选出优秀的博士后学术著作，收入“博士后文库”，由博士后科学基金资助、科学出版社出版。我们希望，借此打造专属于博士后学术创新的旗舰图书品牌，激励博士后研究人员潜心科研，扎实治学，提升博士后优秀学术成果的社会影响力。

2015 年，国务院办公厅印发了《关于改革完善博士后制度的意见》（国办发〔2015〕87 号），将“实施自然科学、人文社会科学优秀博士后论著出版支持计划”作为“十三五”期间博士后工作的重要内容和提升博士后研究人员培养质量的重要手段，这更加凸显了出版资助工作的意义。我相信，我们提供的这个出版资助平台将对博士后研究人员激发创新智慧、凝聚创新力量发挥独特的作用，促使博士后研究人员的创新成果更好地服务于创新驱动发展战略和创新型国家的建设。

祝愿广大博士后研究人员在博士后科学基金的资助下早日成长为栋梁之材，为实现中华民族伟大复兴的中国梦做出更大的贡献。

中国博士后科学基金会理事长

前　言

作为全世界最重要的能源保障，在下游行业均在进行数字化变革的大环境下，采矿业也必须紧跟产业数字化的步伐。我国是世界上煤炭资源储量最丰富的国家之一，近年来，在生产环境复杂、安全和效率保障难度大、全生命周期环节多、管理模式不成熟等背景下，各种数字化技术正在与煤矿生产作业场景加速融合，持续提升煤矿智能化水平，助力整个行业安全生产与降本增效。

在众多数字化技术中，以虚拟现实、增强现实、混合现实等多种技术为代表的扩展现实技术和以数字孪生、信息物理系统、工业元宇宙为代表的新一代信息技术与煤矿最具代表性的综采工作面生产场景深度融合，形成了一种虚实融合的设计运行新模式。该模式能够在虚拟环境中高可信度复现与重构综采工作面生产系统，并集成煤层地质信息条件、综采装备工艺流程安排等要素，实现物理信息和虚拟信息的同步映射、交互与融合，促使综采装备在基础设计理论、集成配套运行与智能监控等方面不断进步。与此同时，各类综采工作面操作人员正从在现场直接操作设备逐步过渡到采用远程操作和现场巡检相结合的方式，完成了由“操作者”到“管理者”身份的转变。

本书以煤矿综采装备为研究对象，采用基础理论与实践案例相结合的叙述逻辑，从“人”“机”“环”“法”四大要素出发，进行综采装备与虚实融合技术深度协同、改造、创新、探索，研究扩展现实技术与 DT+技术在煤矿开采领域的深度融合工作。本书深入剖析了综采工作面的虚实设计与运行模式，并将它划分为以数字化设计和智能服务为主的虚实融合 1.0 阶段、以虚拟规划与调试为主的虚实融合 2.0 阶段、以虚拟监测为主的虚实融合 3.0 阶段和以双向信息人机闭环交互为主的虚实融合 4.0 阶段。结合这四个阶段的特点，分别以智能产品服务系统 MSPSS、测试与评估系统 MTES、闭环协同运行系统 MHCPS 和工业元宇宙系统 MIMS 进行实践与案例叙述，并对当前技术发展存在的问题、亟待突破的关键技术以及下一步如何继续促进虚实融合发展进行展望。

本书内容相关研究得到了国家自然科学基金项目 52004174 、山西省 1331 工程建设项目、中央引导地方科技发展资金项目 YDZJSX2022A014 、山西省科技重大专项计划“揭榜挂帅”项目 202101020101021 、山西省科技创新青年人才团队项目 202204051001017 、山西省省筹资金资助回国留学人员科研项目 2023-071 和山西省留学人员科技活动择优资助项目 20230008 等的资助。感谢中国博士后科学基金委员会对本书的资助，感谢太原理工大学煤矿综采装备山西省重点实验室主任王学文教授对本书提出的宝贵意见。

由于作者水平有限，书中难免存在不妥之处，恳请读者批评指正。

目　录

第1章 绪　论

1.1 引　言

煤炭是全球最重要的能源保障，煤炭业也是生产效率、安全监控都要求极高的行业。近年来，由于开采环境和劳动力成本上升、管理难度增大等内外因素的影响，煤矿企业亟须通过数字化升级来提高生产效率、优化运营管理、防范安全隐患，以保证企业的竞争能力与生产安全[1,2]。矿业行业数字化建设近年来有了显著的发展，并将继续推进以适应全球矿业企业的发展需求，为智慧矿山建设发挥越来越重要的支撑赋能作用[3]。矿业企业通过数字化建设在包括生产能力、盈利能力、运行效率和安全性的关键领域取得了积极成果[4,5]。

综采工作面是矿山、井工开采中安全生产条件最优、产量最高、效率最好的采煤方法，是煤炭开采行业生产最重要的场景[6,7]。在“工业 4.0”“互联网+”等技术大背景下，虚拟现实(virtual reality, VR)、云计算、大数据、物联网、数字孪生(digital twin, DT)、信息物理系统(cyber physical systems, CPS)等新一代信息技术已经逐步与煤炭开采技术深度融合，综采装备的数字化与智能化技术水平也明显提高[8]。

美国、澳大利亚、德国等国家在自动化、智能化和数字化开采技术与装备产业方面走在前列，特别是在开采条件优越的中厚煤层实现了较大规模的自动化采煤，具备一定的智能化开采市场规模[9,10]。澳大利亚联邦科学与工业研究组织(Commonwealth Scientific and Industrial Research Organisation, CSIRO)、美国久益集团、德国艾柯夫公司等都推出了自动化和智能化开采技术与装备，美国和澳大利亚在开采条件优越的中厚煤层实现了长工作面高速截割、高速运输、高度自动化采煤[11,12]。

我国根据自身煤矿地质和生产特点，发展了具有智能化、数字化的综采开采成套装备和技术，从 2010 年开始分别经历了可视化远程干预(1.0 时代)和工作面自动找直(2.0时代)两个技术阶段，先后研发了采掘装备远程遥控、自动化放煤、直线度控制、采煤机自动调高等技术，在实现单机装备智能化的基础上，实现了工作面“三机”装备(采煤机、刮板输送机、液压支架)的协调联动控制、可视化远程干预控制[13]，提高了生产效率并减少了生产人员的投入，从而降低了伤亡事故率，提高了作业安全性。当前，智能化开采技术正处于透明工作面(3.0 时代)的关键技术研究过程中，预计在 2030 年将进入透明矿井(4.0 时代)技术阶段，进而完全实现煤炭无人化安全高效开采的目标[14]。

数字化技术是智能化的基础[3]，包括精准实时的信息采集、网络化传输、规范化集成、可视化展现、自动化操作与智能化服务，它可以通过在物理维度外构建一个数字化虚拟世界[15]来解决物理世界难以解决的问题[16]。物理世界容错性低，一旦犯错就不能补救，而在虚拟世界中运行成本较低，通过构建虚拟场景[17]快速仿真所有可行路径，以获得最优的结果，反向控制物理世界的运行状态，从而形成以“实到虚”和“虚到实”两方向闭环运行的虚实融合运行模式[18]。从三维(3D)可视化、虚拟现实、增强现实(augmented reality, AR)到数字孪生、CPS 和平行系统(parallel system, PS)，都与综采工作面开采深度融合，未来实际开采还将与工业元宇宙(industrial metaverse, IM)等新兴概念深度融合，为实现无人开采奠定基础[19-21]。

1.2 解决目标与方法

近年来，随着新一代信息技术与传统煤炭开采业的深度融合，以及煤炭安全高效清洁开采的迫切需求，发展智能化采煤技术是必由之路[22,23]。与制造、汽车、船舶、建筑地面场景相比，智能煤炭场景显然技术挑战更大[24,25]。例如，在煤矿综采工作面，近年来在装备智能感知、决策和控制等方面建设效果显著，实现了地质条件较好情况下的初步智能化[26]。但对于地质条件复杂多变、装备工作环境恶劣的情况，各智能化子系统还存在信息孤岛、安全监控保障手段不匹配等问题，与深度智能化要求还有一定的差距[27]。

智能化的基础是数字化[28]，综采工作面的建设基础包括先进可靠智能化水平高的开采装备、数字化信息感知元件、高带宽低时延的信息传输模式、信息存储与云端协同计算平台、控制系统的最优决策、数字化呈现、决策及反向控制等[29,30]。单纯在物理层面进行综采工作面建设存在信息孤岛、不能适应复杂工况、人工智能(artificial intelligence, AI)与物理系统较难深入融合等诸多问题。

随着数字孪生等技术的引入[31,32]，在物理维度与信息维度，物理实体与虚拟孪生体相互协同形成虚实融合的运行模式越来越关键[33]。通过物理系统的实时信息采集，构建信息空间中实时物理世界的虚拟孪生体，对物理世界未来行为进行预测，进而决策优化出最优策略，最终反控物理装备运行[34]已成为当下研究热点。

虚拟现实是计算机生成的三维图像或环境的模拟，用户可以以看似真实或物理的方式与之交互。虚拟现实可彻底改变人类与机器的互动方式，从而带来培训、计算、通信、操控等沉浸式、可视化新体验。

增强现实是一种将数字信息叠加在现实世界上的技术，增强了人们对物理环境(包括机器人)的感知，以便更好地做出决策与控制，直接显著提升了人机交互能力，提高了任务完成的满意度。

数字孪生的基础是虚拟现实和增强现实，是物理对象、过程或系统的虚拟表示，重点是构建与物理世界完全一致的虚拟孪生体[35]，用于监控现实世界资产、实现过程优化过程，以解决人与机器人之间的通信还不够直观、快速和灵活等问题。

信息物理系统的概念较数字孪生的概念出现得更早。但由于当时信息技术的发展限制，人们认为信息物理系统是一个遥不可及的目标，而数字孪生的出现给行业注入了新的希望与活力，随着数字孪生的逐步工业化应用，信息物理系统逐渐变得可实现，因此认为数字孪生是信息物理系统的基础。数字孪生加上控制能力后可变成信息物理系统。近年来，有研究者提出了人-信息-物理系统(human-cyber-physical system, HCPS)的概念，信息物理系统又与工业界中的操作人员紧密结合，为未来制造业中以人为本的设计制造奠定了基础。

工业元宇宙是以数字孪生和信息物理系统为基础的更为广泛的未来生产运行模式[36,37]，通过扩展现实(extended reality, XR)、人工智能、物联网、云计算、区块链、数字孪生等技术实现人、机、物、系统等的无缝连接，提升对综采工作面的监测能力、决策能力及反向控制能力，是工业乃至产业数字化、智能化发展的全新阶段。综采工作面未来也将必然发展到工业元宇宙阶段[38,39]。

这五个概念无一不蕴含着虚实融合相关的含义，是工业界发展依托数字化技术发展不同阶段的产物，但在虚实融合的内容、程度、深度、广度和技术实施等方面各有不同，如何挖掘、区分这五个概念的内涵，是否有可以借鉴的实际案例，这些都是值得深入研究的问题。

因此，本书依托作者团队十几年来在综采装备数字化设计和运维等方面的工作，配以相关案例说明，按照虚实融合程度，试图对这五个概念在工业上的应用进行案例研究。本章从虚实融合的角度不断深入，分别对数字化综采装备的现代设计技术发展现状、数字化综采装备的扩展现实技术发展现状和数字化综采装备运行的数字孪生与信息物理系统技术发展现状三方面展开综述。

1.3 数字化综采装备的现代设计技术发展现状

在综采装备设计方面，依托各种数字化技术，可以分别完成装备的运动学、动力学、计算机辅助工程(computer aided engineering, CAE)、参数化建模、虚拟装配和可靠性设计，为综采装备的产品设计提供全流程的支撑。这些工作已取得很多成果，技术也相对成熟，在此不做过多叙述。

近年来，产品服务系统(product service system, PSS)在各工业领域应用广泛，其重点在于将服务与产品放置在同等地位，并且两者互相融合，通过数字化技术的加持，形成集成应用解决方案——智能产品服务系统(smart product service system, SPSS)，满足未来制造业的发展趋势。而在综采装备领域，综采装备作为煤机制造生产厂商的产品，其数字化技术加成的数字化服务也显得尤为关键，因此本节主要对 SPSS 技术与综采装备的融合设计进行综述。

本节首先考虑所有行业特征，对 PSS 的应用技术框架进行分析；接着讨论数字化技术在矿业中的集成，提出智能 PSS 与数字化技术的集成框架；最后调查煤炭开采行业的特点，并对设计产品和提供服务所需的关键技术进行讨论。

1.3.1 产品服务系统应用的技术框架

在先进制造业中，通常产品和服务在各层级间形成相互作用、彼此依赖、共同发展的关系。PSS 通过将服务与多主体融合[40-42]，提高解决方案的多样化及设计的竞争性，这种方法已经运用于多个领域。

Pagoropoulos 等[43]对资源、动态和关系的互补展开研究，促进了航运业的数字化和 PSS 的实施。Mahut 等[44]提出了 PSS 集成捆绑的关键概念，关注消费者需求并通过将产品和服务结合在一个共同品牌下来吸引用户。Marilungo 等[45]分析了基于垂直供应链的有形产品销售的传统方法，提出了一种创新的 PSS 方案，其中包括将洗衣机作为产品和在拓展网络中将洗涤作为服务。Xing 等[46]结合太阳能加热系统的案例研究了各种模型，进而选择和评估不同产品和服务的替代方案。Pezzotta 等[47]改变了传统意义上的以交易为基础、以产品为中心的方式，为电力行业的客户提供了综合解决方案，提高了服务的交付效率。以上研究表明，PSS 在汽车、航空、新能源、电力等多个领域的系统集成、资源整合、面向用户的服务、服务评估、方案设计等方面都取得了显著进展。

然而，在不同应用中对 PSS 的研究还不够深入。大多数研究都集中在行业的早期规划、销售、运营、后续维护和其他局部方面，很少有人考虑整个生命周期[48]，因此必须统一产品研究、设计、制造、销售和服务，在决策、设计和服务中考虑PSS。

尽管煤炭开采行业也有类似的零部件，但其种类多、数量多、生产过程和协调关系复杂、生产周期长，并且由于煤炭开采行业的工作环境在地下深处，其难度超过了其他行业。

煤炭生产企业采购煤炭装备时，装备制造商往往会提供一定期限的服务。但一般情况下，只有在井下作业期间产品出现问题时才进行服务。由于PSS以产品为中心，复杂的工作环境和不安全的工作条件使得PSS在煤炭开采行业中的应用仍然存在很大的挑战。

1.3.2　数字化技术与矿业装备融合设计

数字化技术可以对企业、用户等各类主体的战略、架构、运营、管理、生产、设计等各个层面进行系统全面的变革。值得强调的是，数字化技术对整个组织的重塑，使得它不再只是单纯地用来解决降本增效问题，而将成为赋能模式创新和业务突破的核心力量。

虚拟现实技术已广泛应用于煤炭开采行业。Tichon 和 Burgess-Limerick[49]运用虚拟现实技术对矿工进行安全培训，提高他们的安全意识水平。Pedram等[50]运用虚拟现实技术分析和评估了地下危害。Stothard 等[42]设计了基于虚拟现实技术的煤炭行业培训模拟器，通过让矿工真切体验到错误决策所带来的严重后果来提高他们的决策能力。

Grabowski 和 Jankowski[51]专注于虚拟人机交互，并使用头戴式显示器(head-mounted display, HMD)为矿工进行虚拟现实钻井作业。Foster 和 Burton[52]使用HMD和其他交互方式对地下连续采矿和钻孔机的远程操作进行了培训。Akkoyun 和 Careddu[53]考虑地质因素，创建了一个用于钻孔、爆破、挖掘、运输和清洗的交互式可视化模拟程序。Zhang[54]开发了一种基于虚拟现实技术和HMD的直观数字采矿训练系统。

数字化技术已经在矿业相关领域的设计过程中得到了全面应用，但由以上分析可知：①当前研究主要应用于培训教学领域，部分涉及工业领域，都是针对单个功能、阶段和流程进行设计的，缺少用于产品设计的完整虚拟环境；②数字化技术内容方面多采用离线仿真，与真实数据缺少交互，无法保证其仿真的真实性；③对人机交互与沉浸式环境的研究不够充分，其应用的深度与广度还有待进一步探索。

近年来，为提高工作面生产作业的效率和安全性，数字化技术开始被用于增加互连性，以实现远程分析和诊断。总的来说，煤炭开采行业还处于应用数字平台的初级阶段，其他行业的发展依然可以为煤炭行业提供参考。

1.3.3 数字化技术与智能产品服务系统的融合

PSS 的研究集中在从工程和系统的角度来整合企业资源、减少浪费和优化服务[55]。Aurich 等[56]将产品和服务设计过程集成到系统开发方法中，并提出了三种服务策略，即责任驱动、功能驱动和用户驱动。Komoto 和 Tomiyama[57]提出了一种基于计算机辅助设计(computer aided design, CAD)的方法，可以帮助设计师系统地生成、评估和改进解决方案。该模型考虑了设计者、制造商、运营商、维护人员和客户的多维协作来开发服务体系。

因此，在产品设计阶段，考虑用户满意度的 PSS 可以提高产品的感知价值[58,59]，延长产品寿命，提高产品生命周期的可持续性[60]。Garetti 等[61]提出了一种可以支持 PSS 设计的生命周期仿真模型，开发了一个知识管理框架来获取设计知识、制造知识和服务知识，以支持协作 PSS 开发[62]。Sakao 等[63]基于浏览器运行模式开发了一个用于集成产品服务的计算机辅助设计系统，通过反复测试和迭代优化，创新产品设计与服务[64]。

数字化技术通过加速集成产品和服务的交付以及发展与客户的关系来鼓励制造企业以服务为导向[65]。与此同时，产品与数字化服务的整合，为智能 PSS 的综合运维铺平道路[66]。此外，数字化技术还可以提供一个用于数据分析、测试和执行迭代的虚拟的复制品，即现实世界中一个物体的数字再现[67]，优化设计可以用来指导项目在现实世界中的实施[68]。使用虚拟孪生可以减少设计的迭代次数和缩短实施时间，并降低成本[69]。作为产品设计和开发活动的中心，用户的需求是数字化产品开发的驱动力[70]。

支撑数据包括离线历史数据、在线数据和其他信息，如实时客户反馈及工业物联网提供的实时运营数据。这些数据被用作支持产品、服务、基础设施和网络设计决策的产品服务系统的工具[71]。此外，模拟方法和实时数据已被用于在 PSS[72,73]的背景下创建数字孪生。因此，随着实时数据的广泛使用[74]，它们将成为生命周期所有阶段评估的关键。

数字化开发和智能产品服务系统的研究都取得了重大进展，但对智能产品服务系统进行深入研究依然很有必要，确定数字化技术如何根据特定行业的不同特点，从以用户为中心的角度思考，改进设计过程。因此，有必要将 PSS 与数字化技术相融合，结合具体行业设计特点，为生产设计和服务流程提供新思路。

1.4 数字化综采装备的扩展现实技术发展现状

智慧煤矿是解决煤矿开采时地质条件持续复杂所造成的问题的关键路径[75,76]，需要将 5G、人工智能、大数据、云计算、虚拟现实[77]等新一代信息技术融入智慧煤矿的建设过程中[78,79]。智能化开采技术指的是在不需要人工直接干预的情况下，通过采掘环境的智能感知、采掘装备的智能调控、采掘作业的自主巡航，由采掘装备独立完成回采作业过程，重点之一聚焦在提升装备的技术水平上[80,81]。而智能化程度高的综采装备接近机器人的“自主感知、自主决策和自主控制”水平，因此综采装备的发展必然面向综采装备相关机器人的开发。

中国、澳大利亚、波兰等主要煤炭生产国家均将机器人研发作为一项重要任务，旨在全面提升井下装备机器人化的水平，更好地为智能化提供装备保障[82-84]。Jonek-Kowalska[85]构建了提高煤矿企业效率和生产率的模型，指出了机器人化的发展方向并提出了 GMRI 机器人的概念[86,87]，为移动检测平台在煤矿井下安全领域的创新解决方案，该机器人配备有装备和传感器，允许安全勘探和监测具有潜在危险的矿区。Noort 和 McCarthy[88]提出自动井下无人化的关键路径之一是机器人作业采煤。Novák 等[89]指出了井下侦察移动机器人设计的具体挑战，其需具备三维传感、远程监控、供电、防爆等功能，所需要的系统包括运动子系统、传感子系统(温度、气体浓度、气流、导航和摄像机)、三维地图数据采集子系统和通信子系统[90]。Doroftei 和 Baudoin[91]提出了矿用步行机器人的概念。Ranjan 等[92]提出了保障地下矿山搜救机器人无线网络的构建方法。Bołoz[93,94]对长臂开采用的关键装备即采煤机的自动化与未来机器人化进行了探索研究。

在我国，关于煤矿机器人的研发，葛世荣教授提出了采煤机器人的概念，并梳理了发展现状及亟待解决的关键问题[95]。传统的煤矿机器人的研究主要集中于救灾、救援、地质探测等关键而危险的领域[96-98]。近年来，随着数字感知、人工智能、扫描、探测等技术的大幅进步，越来越多的新技术已融入行业，煤矿机器人也将逐步具备先进的人工智能感知能力[99,100]。马宏伟教授提出视觉重构的方法是为了解决井下移动机器人自主导航的问题[99]。宋锐等[101]引入仿生学的目的是实现高效行走、智能感知与控制。李森[102]对巡检机器人进行了设计。陈先中等[103]对井下机器人运行环境和导航环境地图的构建进行了研究。黄曾华等[104]提出了基于 Ethernet/IP 综采机器人一体化智能控制平台的架构。综上可以看出，近年来机器人设计的关键技术、整机试验等工作的开展层出不穷，煤矿机器人迈上了高速发展的道路。

综采工作面生产系统是煤炭生产领域最重要的一部分，其特点是：①装备种类多、数量多、协同运行关系复杂，且井下环境未知，各装备智能化程度和基础不同；②当前研究主要集中在多点单一装备及局部技术上，每个装备又分别涉及传感、决策、控制等问题，设计、制造到工业试验开发周期长，井下对防爆安全性能要求过高，协同攻关与系统集成难度大，因此需从顶层进行规划设计，以加快研发效率[105]。

当前迫切需要开发一个统一的智能化综采测试与评价软件，数字化技术正好能够支撑这一软件的开发过程，可以从整体上把握配套运行的智能协同大系统全局和局部的运行状态[106]。Brzychczy 等[107]设计了一种支持煤矿开采过程中某些要素设计的解决方案，重点研究了两个模拟系统：第一个为支持综采工作面装备的选择系统(FSES)；第二个为支持生产结果的估计系统(FSOE)，其中系统 FSES 根据工作面参数及知识库系统中的装备参数，给出设计综采工作面的装备选型建议，然后将获得的值插入系统 FSOE，并进行规划和评估，目前，该方案已经取得良好的实践效果。Brzychczy 等[108,109]将机器人、专家系统概念应用于地下硬煤矿山规划优化系统，并建立了相关知识库服务系统。

1.5 数字化综采装备运行的数字孪生与信息物理系统技术发展现状

信息物理系统(CPS)是一个集成计算、网络和物理环境的多维复杂系统[110-118]，通过 3C 技术即通信(communication)、计算(computing)和控制(control)的有机融合与深度协作，实现大型工程系统的实时感知、动态控制和信息服务[119]。CPS 的概念早在 2005 年就被提出[120]，由于当时技术水平的限制，距离实现应用还非常遥远。不过近年来，云计算、AR/VR 等新型信息技术逐渐发展成熟[121]。基于模型和数据，数字孪生(DT)作为物理实体的数字化镜像，产生了从设计、制造、运维、监控等到产品全生命周期的典型应用场景。因此，它被认为是实现 CPS 之路上的重要一环[122]，也让人们看到了实现 CPS 的希望[123,124]。

DT 为模型、数据和软件的融合提供技术支持，这仅仅表示物理世界数字化映射的过程[125]，而 CPS 把人、机、物互联，实现了实体与虚拟对象之间的双向连接。它通过数据输入、数字孪生承载体和数据输出的融合[126]，实现以虚控实、虚实融合，从而实现以可靠、高效和实时的方式控制一个物理实体。其本质就是由相关的人、信息系统以及物理系统有机组成的综合智能系统，即

HCPS，扩展人在时间、空间等方面的控制[127]，其中物理系统是主体，信息系统是主导，人是主宰。

VR 技术[128]是建立 DT 和 CPS 的关键支持技术。VR 的出现彻底改变了人与虚拟世界的交互方式，为产品设计[129]、远程咨询、培训、运维等[130]带来了技术创新。VR 中的虚拟世界不仅仅是形似，其底层还添加了各种内在的信息和机理模型，将物理对象刻画得更加真实，真正实现数字孪生与虚拟镜像。VR 提供的多种人机交互方式[131]可作为实现 HCPS 的基础。传感器的精度决定了构建的虚拟场景的可靠性，并且传感器与现实之间的差异会造成虚拟场景与真实场景之间的差异，与视频、三维深度等信息的融合较为困难，人机交互对使用的硬件装备和使用场合要求较高。

AR 技术能弥补 VR 技术中存在的许多问题，通常只需简单佩戴一个 AR 眼镜，就可以将虚拟世界叠加到现实世界之中。AR 技术以人为本，可以充分发挥人的主观能动性，与视觉等进行融合，实现虚拟场景的高精度构建[132]。近年来，许多有关 AR 的研究已经实现精准实时的手势交互、语音识别等与现实世界进行交互的功能。利用 AR 技术，Hietanen 等[133]提出了一种用于工作空间监控的深度图像模型，并设计了一种用于人机协同制造的交互式用户界面(user interface, UI)。Stark 等[134]利用 AR 技术设计了一种对机电装备进行监控的人机交互界面。Bogue[135]研究了使用 AR 全息技术的远程控制技术。Papcun 等[136]利用 AR 规划智能仓库中自动导引车(automated guided vehicle, AGV)的实时动态运行路线，使操作人员和 AGV 能够正常、安全地运行。Kostoláni 等[137]使用 AR 技术实现了智能预测维护。Minoufekr 等[138]利用 HoloLens 创造的全息环境实现了在设计前预先对计算机数控(computer numerical control, CNC)机床加工过程进行仿真，并用于实际的制造过程。AR 技术可以使工厂巡检变得容易，能够极大地提升运维效率[139]，但它的控制模式还不完善且效率不高[140]。

基于 VR 技术与 AR 技术的融合[141]，可以设计出一个更稳定、更丰富、更可靠的人机交互界面[142]。当前 CPS 的应用框架已经应用到地面上一些常规工况中，如先进制造[143]、机器人协同[144]、无人工厂[145]、智慧城市[146]、建筑信息模型(building information model, BIM)信息系统构建[147]、智能电网[148]等，基于边缘计算和混合现实(mixed reality, MR)等技术，完成了相关领域 CPS 的典型场景工况设计。Arooj 等[149]提出了一种面向网络物理和社交网络(cyber-physical and social networks, CPSN)的 CPSN-IoV 概念框架，该框架具有人机智能管理环境的能力。Boccella 等[150]对 CPS 中集中式控制结构和分层控制结构的性能进行了研究，结果表明，集中控制是确定性和可预测方案中的最佳解决方案之一，而在发生故障的情况下，需要更灵活地进行控制。Zhang 等[151]将各种物理资源集成到生产系统中，并在飞机发动机专业的故障诊断和叶轮加工的信息建模方面加以应用。Minerva 等[152]利用 VR 技术和 AR 技术设计了一种在 IoT 环境下数字孪生的融合框架，基于传感器和微控制器实现了控制和实时状态的信息处理。Cai 等[153]结合 AR 与 DT 构建了一个在建筑机械中应用 CPS 的可交互式框架。该框架允许虚拟模型和实物、操作记录与 4D BIM 之间进行双向通信，同时提高了操作的精度和安全性。可以看出，VR 技术和 AR 技术的结合，为以各行各业的操作者为核心的 HCPS 技术与框架的发展提供了媒介。

经过以上分析，制造、汽车、船舶、建筑等场景环境都集中在地面上，并且行业本身智能化的基础已经较好地建立了起来。这些场景具有一定的优势，如具备较多的运行环境先验信息、使用更先进的控制和监控手段、定位定姿较为容易以及操作人员与系统信息之间具有丰富的接口等[154]，因此在这些领域，HCPS 发展迅速。不同行业对 HCPS 的实际需求存在较大的差异，并不是所有行业都需要完全无人化甚至某些行业根本不可能实现无人化。因此，推进 HCPS 的建设需考虑技术经济性的问题。例如，地下开采是一种具有一定特殊性的典型复杂作业环境，具有缺乏先验信息、感知手段使用受限、信息通信频繁受干扰、工作空间严重受限等特点。目前，仅在地质条件较好的情况下，工作面生产实现了智能自动化控制。在地质条件复杂多变的环境中，存在装备工作环境恶劣、各子系统间相互独立、信息孤岛严重、安全监控保障手段受限等问题，因此基本不可能实现无人化[155]。在这类场景中，必须由操作人员完成智能系统无法完成的动作。闭环协同运行系统(mining human cyber physical system, MHCPS)的构建应该更多地依靠人机协作、人积累的知识和经验，发挥人的主观能动性。因此，MHCPS 的未来不是局限于追求纯粹的无人系统，而是要以人为核心，在先进技术的支持下从事更有价值、效率更高的工作，提高采矿企业的经济效益。

以上系统的实现需要 VR 技术和 AR 技术的支撑，作者团队在综采装备虚拟现实领域进行了长期的研究：①构建了装备三维模型，完成了高精度的虚拟装配与展示；②构建了整体的工作面装备配套模型，底层嵌入一系列的机理模型，并完成了工作面的虚拟规划；③通过接入工作面的实时运行数据，实现了工作面整体的虚拟监测[113]；④利用深度学习、强化学习等方法，通过迭代优化运算，得出未来模拟的最优值，并在复杂顶底板条件下实时更新与显示；⑤集成一系列的人机交互装备，实现远程虚拟控制。目前，需要在可视化展示、规划、监测和预测的基础上，进行相关的反向控制研究[38]。

虚拟现实仿真技术的精度在不断提高，但是在恶劣的开采环境下 VR 仿真技术仍不能满足相关行业的需求。主要原因是现有的数据通道之间的交互为间接交互，不能直接将物理世界和人的主观能动性相结合。AR 技术是一种将现实世界信息与虚拟世界信息无缝结合的新技术，并且具有丰富的人机交互界面。VR 系统可以将人、装备和工作面生产环境的视觉、听觉、触觉等信息覆盖在工作面生产现场，生成更简单、更准确的结果，为煤炭开采行业的 DT 和 CPS 奠定基础。近年来，逐步引入了包括对象识别、深度点云扫描、手势操作等的 AR 技术，并且探索了有关 AR 与 VR 融合的技术。这些工作为两者支撑的 CPS 设计奠定了坚实的基础。

1.6 数字化综采装备发展存在的问题与挑战

1.6.1 传统设计方法在矿业中面临的挑战

矿业运行效率低，各方面协同性差，缺乏完善的数据库。综采装备通常很复杂，其生命周期包括概念开发、产品成熟、运行和报废。对于综采装备制造商，综采装备不仅是产品，还包括支持其运营的服务，这项服务贯穿装备的整个生命周期。因此，有必要提出矿业支持系统的概念。

综采装备是这一系统的基础，服务产品是综采装备运行的保障。这些解决方案是特定产品和服务的组合，帮助客户实现安全、高效和稳定的运营。综采工作面产品服务系统的服务部分并不是传统的以产品为中心的售后服务，而是专注于帮助客户实现价值。因此，本书针对以下问题提出解决方案。

工作条件表明，煤炭开采行业必须提供合理的产品和适当的服务。数字化技术用于在数字环境中执行所有流程，以获得最佳的产品和服务解决方案。然后，使用最佳的解决方案在物理环境中设计产品，以预防潜在问题，确保健康和安全生产。因此，提出的煤炭开采行业智能产品服务系统必须包括以下关键技术，并解决相关问题。

(1) 顶层框架设计。根据四个传统的设计流程和多个利益相关者的存在，产品和服务应该分开设计，然后使用数字化技术进行整合。目标是创建一个用于交付产品和服务的智能集成模型。

(2) 选择产品与服务一体化的运行模式和流程。如何通过智能设计和迭代优化获得最优产品，以及产品和服务之间是什么关系等问题均需进行深入研究。

(3) 提供产品和服务的整体决策体系。在使用场景未知的情况下，如何找到最优的产品和服务设计也是值得深入研究的问题。

1.6.2 以数字孪生为代表的新一代信息技术在综采工作面应用中存在的问题

从当前发展来看，主要存在的问题和相应的解决思路如下：

(1) 软件和实际工况需紧密结合。测试软件没有基于真实数据，仿真可信度较低，与实际差距较大，且可视化效果较差。需充分利用工作面开采的历史数据，构建具有高仿真度的虚拟场景。

(2) 需构建综合性仿真测试软件。当前软件功能较单一，工作面选型设计、装备运行状态、采煤工艺方法、煤层地质模型均依托于各学科专业软件进行分析，缺乏统一可视化分析和统一度量的工具。构建的系统需把这些功能集成在一个软件中，建立科学的评价体系，进行统一度量与评价。

(3) 需利用先进的虚拟仿真方法。当前没有完备的用户输入体系，构建的虚拟仿真装备和场景不够高保真。装备在实际运行过程中存在感知、决策、控制等方面的问题。其中，最典型的就是传感器测量精度不够、网络传输系统有延迟、决策系统单一程序化易出现误操作、控制元件动作不到位等问题。虚拟仿真如何将这些因素全部考虑进来，从而进行高质量的仿真，针对这个问题需要开拓数字孪生的相关概念，在工作面设计或者运行前就进行相关虚拟开采设计，把整体运行仿真模拟出来，进而用于反向驱动指导设计。

当前，数字孪生技术已融入煤矿开采领域[110]，成为智能开采的主要技术环节[111,112]。它可以构建出“神似形似”甚至是“内外”均一致的工作面生产系统数字孪生体[113,114]，可以在项目的设计、运行阶段全面助力工作面智能化水平[115]。因此，本书针对以上问题，基于 AI、DT 和 VR 等技术，以某个特定工作面地质、装备等的实际运行数据为基础，复现工作面虚拟运行开采情况，创造出一个自组织协同运行的虚拟综采生产系统[116,117]。为用户留有相关接口，通过不同的感知、决策与控制参数输入及智能化运行模式，模拟和评价当前及未来工作面的运行工况。通过建立统一科学的评价体系，进行合理测试与评价。对其中的总体架构设计、工作面历史数据处理、离线驱动虚拟运行、运行系统与开采评价方法进行研究，从虚拟、虚实对应、物理三个维度进行分析，设计出一个完整的原型系统，并对其应用进行充分验证，最终实现升级改造。

1.6.3 煤炭开采行业数字化转型面临的挑战

智能化综采工作面与 CPS 结合将是未来发展的趋势。在工作面生产中以恶劣工况为主，这突出了智能装备人机交互对井下操作人员主观能动性的需求。通过构建综采生产系统的数字化模型，系统的运行状态可以以一种全景透明的监控形式实时呈现出来，然后操作人员据此与智能装备进行交互，为决策提供关键信息，但实现这个过程需要解决一系列的科学问题。

对于智能化装备，集控中心的操作人员和现场巡检人员两者必须取长补短。前者利用 VR 技术进行整体监视，后者在前者的信息提示下进行更细致的巡视。利用 AR 技术，可以根据主观能动性对人工质检巡查进行远程协助。

将 CPS 技术应用于工作面生产过程中，需要克服的主要困难如下：

(1)为了支撑 CPS 的框架结构，需要研发一种将 VR 技术和 AR 技术集成的设计方法。在井下复杂工况下，将 VR/AR 技术与智能工作面相结合的最好方法还尚不明确，因此仍需要深入研究其监测和控制机制。

(2)需开发一种适用于复杂工况的 CPS 框架。目前，支撑 CPS 框架所需要的 3C 流向的机制尚不明确，应该着重探讨如何通过 VR 技术和 AR 技术以及两者融合实现 3C 之间的有机融合，进而更好地为复杂的工作面 CPS 服务。

(3)需优化人与智能装备之间的协作和任务分配。尽管装备的智能水平不断提升，但由于人员操作和运维与地面不同，仍需深入剖析人与机器之间的关系。研究如何使人的智慧与智能装备各自的优势得以充分发挥，并建立一个相互促进的协同系统。

1.6.4 数字化综采装备未来发展与挑战

当前综采工作面的智能化还面临着如下挑战：

(1)仅利用数字孪生难以实现综采工作面的决策与反向控制，还需要将综采工作面与工业元宇宙相融合。

(2)在综采工作面内实现工业元宇宙所需要的技术还不够明确。

(3)人在综采工作面中有着不可或缺的作用，人机协同技术在综采工作面中的应用还不成熟。

通过梳理综采数字孪生、信息物理系统与工业元宇宙的发展脉络，厘清三者间的特点与关系，对综采工作面与工业元宇宙融合的理念进行思考，分析实现这一构想的关键技术，可为构建具备人机融合能力的、能完成决策与反向控制的综采工作面工业元宇宙系统奠定基础。

1.7 本书主要研究内容与章节安排

全书共 6 章，主要内容安排如下。

第 1 章分析数字化技术在煤炭智能开采中的综采装备的重要地位以及以

VR、AR、DT、CPS和IM等技术为代表的虚实融合运行模式对综采装备发展的重要性，从总体上介绍本书的研究背景，由工程背景、技术背景和项目背景引出本书研究的目的和意义，再对国内外的综采装备虚实融合技术的一系列研究动态，如数字化设计、XR设计、DT和CPS等问题分别进行论述，并对以上研究存在的主要问题进行分析，提出了本书研究的主要方法和技术路线。

第2章为从“人”“机”“环”“法”四大要素出发，对智能化技术和数字化技术与综采装备融合情况进行梳理和总结，对数字化开采技术及其虚实融合历程进行剖析，将虚实设计与运行模式划分为四个阶段，各阶段特点分别为虚拟仿真、虚拟规划与调试、虚拟监测和双向信息闭环交互，并对每阶段在虚实融合方面的连接方式、数据使用、对象特征、支撑技术和典型应用等方面进行剖析。

第3章介绍面向“虚实融合1.0～2.0”数字化智能产品服务系统MSPSS。该系统由智能决策子系统、智能产品子系统和智能服务子系统组成。其中，智能决策子系统基于层次分析法和VR技术对产品选择、运行与维护等全流程进行决策；智能产品子系统经过数字化设计、虚拟规划以及虚拟调试三个阶段输出可靠的数字化产品解决方案；智能服务子系统提供故障诊断和运维服务。MSPSS可为综采工作面生产提供稳定、可靠和全面的产品服务高度集成化解决方案。

第4章按照“真实数据处理—虚拟场景构建—设置关键信息点—虚拟运行与评价”的思路对面向“虚实融合2.0～3.0”的测试与评估系统MTES进行研究。通过装备间运动关系模型将某个特定工作面地质和装备的实际运行数据转化为可视化虚拟场景，合理且准确地复现了虚拟运行开采情况；在此基础上，基于不同智能化程度的传感误差、执行误差分析，建立了各装备感知、决策、控制输入接口，构建了每台装备的运行评价体系，使系统可对不同智能化程度的传感决策与控制的关键点进行全面模拟和性能测试。该章涉及内容主要包括：MTES总体框架、工作面运行数据处理关键技术、离线场景构建与运行场景推演关键技术、虚拟装备协同运行仿真评价关键技术和原型系统开发与实验。

第5章介绍一种用于煤炭开采的闭环协同运行系统MHCPS。该系统可将人类与智能物理系统、整个综采过程以及通信、计算和控制技术形成闭环运行模型，采用一种融合人与边缘计算的分布式计算模式——基于复杂计算并将传统操作与VR/AR人机界面相结合的操作方法，解决了融合多个界面时所涉及的冲突消解等问题。该章不仅介绍MHCPS的框架结构，还阐述MHCPS与关键技术的实现与交互，以及原型系统的演示与实验。

第 6 章提出工业元宇宙系统技术构想 MIMS，介绍该系统总体构建框架涉及的关键技术，以及原型系统的开发实验情况。MIMS 具有展示与离线模拟、监测与辅助操作、在线模拟与预演等六大内涵特征，最终具备由实到虚精准的复制映射能力、虚拟迭代的推理预测决策能力、由虚到实的复制控制能力以及虚实人机无缝协作和精益化管理四大能力。MIMS 在已有的监测、决策、控制能力的基础上融入 AR 远程协助技术、机器人协同技术与利用 AI 驱动运行的虚拟人技术，构建基于工业元宇宙的液压支架调架实验系统，形成工业元宇宙在工作面开采中应用的初步认识。

本书内容的组织结构图如图 1-1 所示。

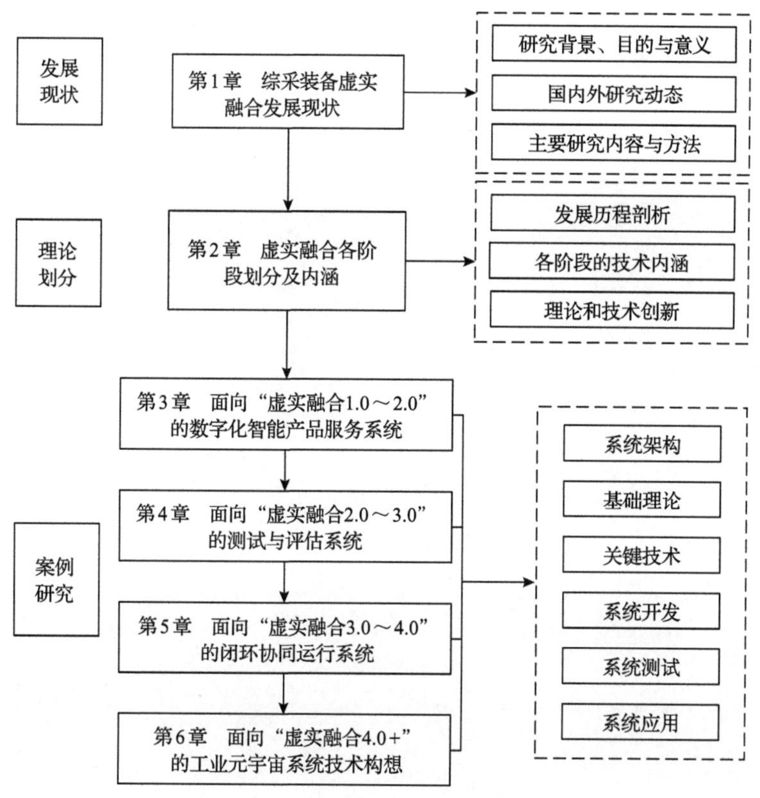

图 1-1 本书内容组织结构图

1.8 本章小结

本章分析了数字化技术在煤炭智能开采领域中的重要性，讨论了基于 VR、AR、DT、CPS 和 IM 等技术的虚实融合运行模式在综采装备发展中的关键作用。从研究背景引出本书的研究目的及意义，针对国内外数字化综采装备虚实融合技术发展中存在的问题进行分析，从而提出了本书的主要研究内容。

第 2 章　综采装备虚实融合运行模式框架和发展阶段

2.1　引　　言

近年来，从 3D 可视化、VR、AR、DT 到 CPS 的数字化技术逐渐与综采深度融合，形成了一种虚实融合的煤矿开采智能化运行新模式。本章从“人”“机”“环”“法”四大要素出发，对数字化综采装备技术及其虚实融合历程进行剖析，将数字化综采装备虚实融合发展划分为四个阶段，分别为基于离线仿真的虚实融合 1.0 阶段的虚拟仿真、基于离线数据驱动的虚实融合 2.0 阶段的虚拟规划与调试、基于实时数据驱动的虚实融合 3.0 阶段的虚拟监测和基于双向信息闭环交互的虚实融合 4.0 阶段的虚拟 AI 反向控制，并分析每个阶段在虚拟空间和物理空间之间的连接方式、数据使用方法、面向不同对象的特征、支撑技术和典型应用等五个方面的发展情况。

2.2　数字化综采装备和技术发展历程剖析

2.2.1　综采装备与协同运行流程分析

如图 2-1 所示，自动化综采工作面位于地下 200～1000m 的煤层中，主要由采煤机、刮板输送机和液压支架等组成，在没有起伏规律的煤层条件下运行。

(a) 综采工作面装备运行配套情况

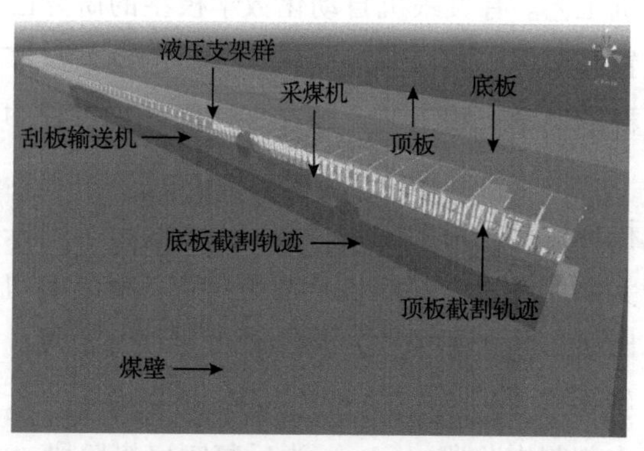

(b) 虚拟综采工作面VR监测界面

图 2-1　综采工作面运行情况及装备配套关系

采煤机将煤切割到刮板输送机上，刮板输送机将落下的煤运送出煤矿，液压支架群整体支撑煤层顶部，以确保操作人员的安全。其中，采煤机是引领智能化工作面协同运行的核心关键装备，采煤机前后两个滚筒截割煤壁生成煤层顶底板；刮板输送机为采煤机的运行轨道，其本身由多节溜槽连接而成，具备一定的柔性，可以适应井下复杂的煤层底板形态；液压支架数量众多且排列紧密，采煤机截割煤壁后，液压支架需要迅速地跟机移架支护，液压支架和刮板输送机溜槽一对一通过“浮动连接机构”进行推溜、移架、支护动作，实现对煤层顶板的动态支护和工作面推进。

目前条件下，综采装备的监控技术水平如下：

(1) 实现采煤机滚筒随煤层变化自适应调高调速是关键，影响刮板输送机与液压支架的姿态以及工作面能否正常连续推进。当前，采煤机传感器安装较完整，能够基本感知和获得采煤机的实时运行位姿信息。

(2) 刮板输送机各溜槽无法安装传感器，难以感知到其形态信息。因此，建立采煤机、刮板输送机和煤层顶底板三者之间的位姿耦合关系，实现基于采煤机运行数据的刮板输送机位姿反演及虚拟煤层的三维构建，对于采运装备位姿监测和透明工作面的构建具有十分重要的意义。

(3) 液压支架群、采煤机和刮板输送机配套协同运行实现煤炭开采，主要负责管理顶板、维持开采空间和工作面整体推进。工作面的稳定支护是开采的先决条件，液压支架群对围岩的适应性决定了工作面能否安全生产。目前已可通过安装在支架四连杆上的倾角传感器实现单台支架内部姿态监测。

综采工作面开采工艺主流程为截割循环内液压支架与采煤机相协同的跟机工艺。有关跟机自动化数学模型的研究已经非常成熟，能够基于采煤机的位置和跟机工艺流程规划液压支架的动作次序，以集中控制的方式实现液压支架群的调度。该工艺已经在工作面开采过程中广泛应用。

由于工作面的一个完整截割循环由工艺相同的正反两刀组成，故从机头到机尾截割一刀的跟机自动化过程可分为机头端斜切进刀、割三角煤、反复割机头端底煤、中部跟机至割透煤壁、反复割机尾端底煤。图 2-2 给出了截割循环跟机工艺，图中，T 为一个截割循环周期，以采煤机正向割煤为例，$t_0 \sim t_1$ 为斜切进刀阶段、$t_1 \sim t_2$ 为割三角煤阶段、$t_2 \sim t_3$ 为反复割底煤阶段、$t_3 \sim t_4$ 为中部割煤阶段、$t_4 \sim t_5$ 为反复割底煤阶段，n_{f} 和 n_{b} 分别为正、反刀割煤斜切进刀结束时采煤机中心位置对应的支架编号，N 为最大支架数量。

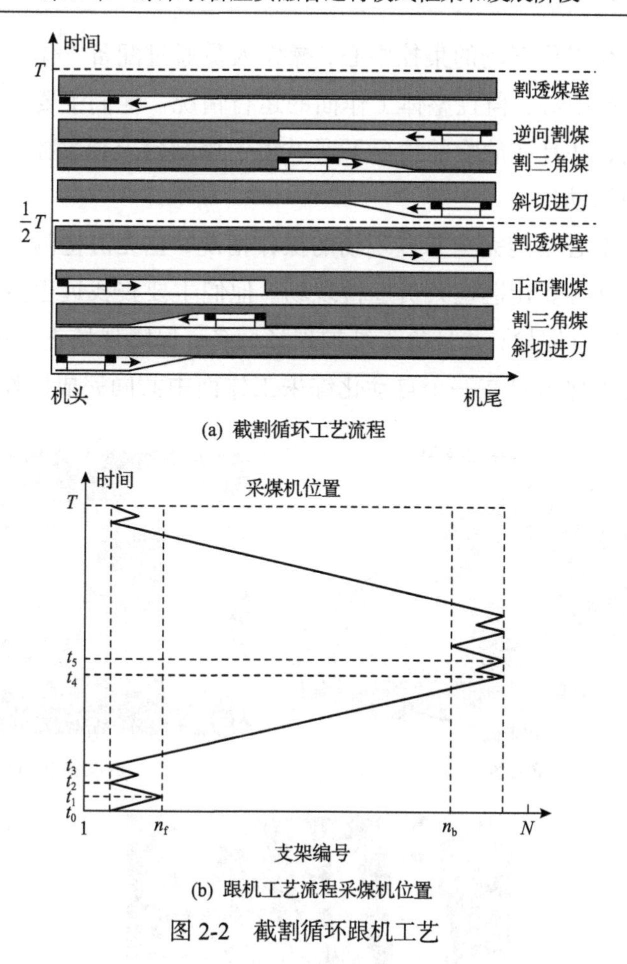

图 2-2　截割循环跟机工艺

2.2.2　综采工作面智能化程度分析

受限于成本和技术水平，使用常规的地质探测方法不能构建出高精度的煤层导航图，这意味着综采装备会在一个封闭且先验信息缺失的空间中不停地工作。除了受地质条件的影响，采煤机截割、液压支架间、液压支架与采煤机之间以及液压支架与刮板输送机之间存在复杂的联动关系，在实际开采过程中仍需要大量的人工操作干预调整装备运行状态和位姿。近年来，随着自动化和智能化水平的不断提高，以及“采煤机记忆截割+液压支架电液控制+远程集中控制+人工干预”的常规运行模式的不断探索与实施，每个工作面中工作人员的数量已经由原来的 15～20 人减少到 8 人，甚至更少。直接操作装备的人员数量大幅减少，同时也诞生了两个新的岗位，即集控中心操作人员和现场巡检人员。

在远离一线工作现场的集控中心，操作人员通过配备“视频+图像+数据监控”功能的集控中心，监控整体工作面的运行情况。他们主要负责人机交互和远程协同控制，并且在危险的情况下通过集中控制台上相关控制按钮等，实现人工远程干预等动作。

中央控制中心不能完全掌握现场的操作情况，也无法检测整个工作面的具体细节，因此有必要让巡检人员巡检现场。他们主要查找远程控制中心看不到的问题，定期进行巡检，并且负责维护现场装备，保障现场正常运行，如图 2-3 所示。这两类工作人员在一个自动化综采工作面中共同完成操作任务。

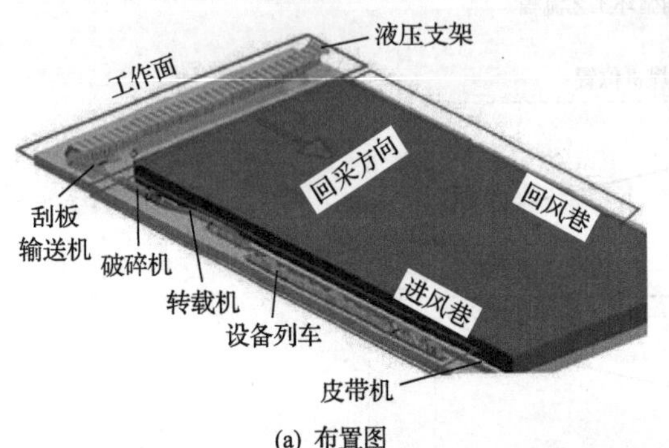

(a) 布置图

(b) 集控中心操作人员

(c) 现场巡检人员

图 2-3 综采工作面装备布置图及人员岗位

2.2.3 数字化综采工作面与数字化工厂的全面对比

本节从装备运行特点、运行环境、装备定位难度、装备连接关系、传感器布置、传输网络搭建以及虚拟呈现形式等七个方面对典型数字化工厂和数字化综采工作面进行比较。图 2-4 给出了数字化综采工作面和数字化工厂在 VR 监测中的对比及挑战，由图可以看出，构建一个 CPS 数字化综采工作面相比于构建地面上的CPS数字化工厂需要克服更多的困难。

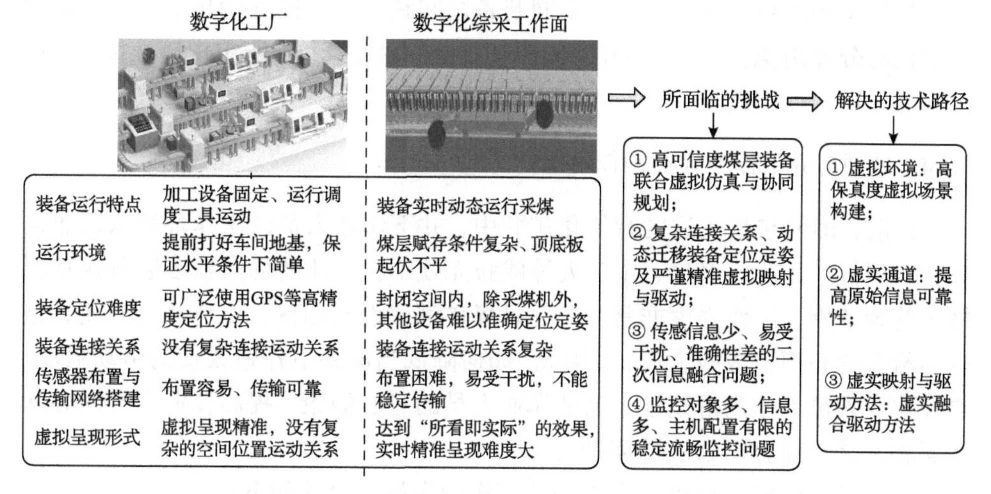

图2-4　数字化综采工作面和数字化工厂在VR监测中的对比及挑战

在实现智能化的难度方面，数字化综采工作面与数字化工厂具有很大的差异，具体如下：

(1)从两者的运行环境来看，数字化工厂环境固定简单，由建造者决定，易通过视频图像和点云等非接触式信息，以及普通的倾角和全球定位系统(global positioning system, GPS)等接触式信息进行协同采集、传输与驱动虚拟监控，便于以全局视角透明化监测整体运行；对于综采工作面，煤层赋存条件复杂，装备运行环境恶劣封闭且处在不断迁移的过程中，传感器布置较困难且种类受限，受电磁干扰影响，传输不稳定，同时当前透明地质保障技术仍难以支撑透明化开采环境的实时监测，做到实时精准呈现难度大。

(2)在决策方面，数字化工厂根据加工产品的状态以及所要达到的标准，使用智能调度软件对生产线整体、各加工和辅助作业装备进行全局配置与规划，能够达到理论最优，提高生产效率；而对于数字化综采工作面，由于装备连接关系复杂，“破-采-装-运-支”等工作和“调高-调直-水平推进”等主线任务深度耦合，当存在一定程度的信息孤岛和导航地图不透明时，会显著增加各装备动作决策的难度。

(3)在反向控制方面，数字化工厂可以依托企业资源计划(enterprise resource planning, ERP)管理、产品生命周期管理(product lifecycle management, PLM)、制造执行系统(manufacturing execution system, MES)等多个智能保障系统来管理装备，并实时监测预规划与在线运行之间的差异，可精准做出全局实时调控；而在数字化综采工作面内，各种智能化管控平台尚未做到实时性高且精细化的全局态势分析与管理，不同装备之间缺乏统一的通信标准，任务环境复杂且部分控制执行元件(如开关阀驱动的推移油缸等)不能实现精准控制，这都增加了反向控制的难度。

2.2.4 地面与井下作业人员操作对比

目前，即使在最先进的智能化矿井中，井下作业人员的工作环境依旧非常艰苦，顶板、瓦斯、煤尘、水、火等威胁无处不在，还要面对众多装备执行严格的管理条例，工作强度非常大，并且煤矿都建设在山区，工作环境封闭，这也会给人的心理造成极大压力。因此，如何降低当前井下作业人员的劳动强度、提高作业人员工作的舒适度，保证作业人员的身心健康，提高作业人员的心理归属感，是目前急需解决的问题。

通过以上分析，可以得出未来井下作业人员的要求如下：

(1)保证自身生命安全和身体健康。

(2)降低工作强度，提高工作质量和效率。

(3)打造舒适的工作环境。

(4)提高心理归属感。

针对以上要求，梳理井下作业人员的岗位，将作业人员分为巡检人员、集控人员和维护人员三类，并对这三类人员的工作条件进行对比分析。

1)巡检人员

车间操作人员和工作面巡检人员都有检查装备运行情况、调整装备等任务，但是车间操作人员位于地面工厂内，其工作环境相对安全，而工作面巡检人员并没有固定的工作位置，需要在巷道内穿梭并进行操作，在巡检过程中除了需要操作煤矿装备外，还需要对自己行走的环境进行观察，以确保巡检时的安全。数字化车间操作人员与工作面巡检人员的工作情况对比如表 2-1 所示。

表 2-1　数字化车间操作人员与工作面巡检人员的工作情况对比

对比项目	车间操作人员	工作面巡检人员
活动范围	车间内区域	整个工作面
工作环境	灯光明亮，视线好，道路平整，温度适宜，有安全区域	灯光较暗，有大量灰尘，温度较低，无绝对安全区域
操作装备的种类	较少	较多
操作装备的数量	较少	较多

续表

对比项目	车间操作人员	工作面巡检人员
佩戴的工具	安全帽	安全帽、氧气瓶、护目镜、自救器、手电筒、反光工作服
可交流性	较安静，易沟通	环境嘈杂，很难沟通
身体机能补充	不工作时即可补充	到安全区域才能补充

由表 2-1 可以看出，车间操作人员的工作压力较小，环境适宜，而工作面巡检人员需要佩戴多个装备才能进入工作面，工作环境差，自身安全会受到一定的威胁，劳动强度大。

2）集控人员

普通工程机械操作人员在驾驶室内工作，不仅工作环境舒适安全、视野宽阔，还可以通过视频监控等手段进行辅助操作。而工作面集控中心空间拥挤狭小，综采集控人员需要同时面对多个屏幕并来回切换从而进行监测。工程机械操作人员与综采集控人员工作情况对比如表 2-2 所示。

表 2-2　工程机械操作人员与综采集控人员工作情况对比

对比项目	工程机械操作人员	综采集控人员
视野	视野宽阔，监测装备较少	装备很多，无全局视野
工作环境	位于地面，传感信息多，基本没有灰尘水汽	位于井下，灾害可能性大，传感信息少
监控	基本可以把控全局	多以视频+数据+VR 形式进行监控，很难把控全局
操作装备的数量	较少	较多
可交流性	较安静，易沟通	环境嘈杂，很难沟通
操作室	宽敞舒适	封闭拥挤

由表 2-2 可以看出，普通工程机械操作人员工作环境舒适，工作强度小，而综采集控人员需要同时面对多个屏幕，难以监测全局，工作压力大，且会引起严重的视觉疲劳。

3）维护人员

工程机械维护人员的工作地点在地面，装备齐全；工作面维护人员的工作地点在井下，需要操作的装备非常多。工程机械维护人员与工作面维护人员工作情况对比如表 2-3 所示。

表 2-3　工程机械维护人员与工作面维护人员工作情况对比

对比项目	工程机械维护人员	工作面维护人员
工作环境	户外或维修车间，灯光明亮，视线好，道路平整	井下现场，灯光较暗，有大量灰尘，视线差
维护装备的种类	车床	机电液
维护装备的数量	较少	较多
维护方式	可以将机械开到维修厂地，多人集体维修	只能依靠工人进行维护
佩戴的工具	安全帽	安全帽、氧气瓶、护目镜、自救器、手电筒、反光工作服
可交流性	较安静，易沟通	环境嘈杂，很难沟通
身体机能补充	不工作时即可补充	到安全区域才能补充

由表 2-3 可以看出，工程机械维护人员需要维护的装备较少，比较固定，可以求助外界，而工作面维护人员维护环境封闭、危险，工作量大，与外界联络不便利，工作压力更大。

经过以上对比，工作面的三类岗位与对应的工程机械和工厂车间操作岗位相比，具有绝对的难度和复杂性。在工作面，操作人员需要关注以下方面：①工作环境是否舒适；②工作效率是否高效；③装备功能是否齐全；④电控功能是否完备；⑤全局与部分监测监控之间的关系；⑥自身的工作状态；⑦人与机器的交互；⑧多工种之间的协作。

2.2.5　虚实融合分析角度与方法

如图 2-5 所示，从元素构成上来看，综采工作面的开采包括“人”“机”“环”“法”四个元素。“人”主要指的是矿工，即操作人员；“机”指的是综采装备，如采煤机、刮板输送机、液压支架等“三机”配套装备；“环”主要指的是煤层地质条件、顶底板条件，以及自然环境、围岩环境；“法”指的是采煤方法、工艺等经验知识和方法。

这四大要素中，人处于中心位置并按照安全高效开采规则，通过操控装备与井下环境进行交互。在人的加持和帮助下，工作面才能正常进行开采工作。随着智能化的发展，操作人员从一线直接操作装备的采煤机工、支架工等逐渐转变为集控中心操作人员和工作面巡检人员。尽管智能化综采开采技术发展迅速，但是由于井下环境恶劣，智能化的装备也只能在一些地质情况较好的工作面才可以使用，且在复杂工况下的适应度较差，其智能化技术受到很大的限制，因此还必须依赖操作人员。

在装备能部分自主地感知自身及工作面环境等全面运行信息，并能按照程

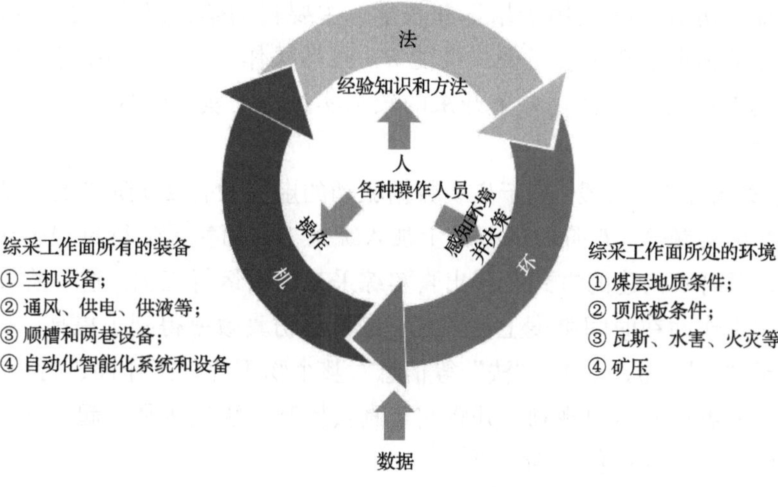

图 2-5　工作面元素构成

序做出相关行为的基础上，只有让这些“人”掌握“机-环-法”等知识与技能，完成人机协同工作，才可以使工作更加智能化，同时也会减轻“人”过多的负担，进而能够更好地适应和完成开采工作。综采工作面与其他典型场景不同的是，其环境危险，空间受限，各种在地面上运用很成熟的技术无法适用。

因此，仅在物理维度进行分析与建模根本不能解决问题，将其维度拓展到虚拟维度中，形成虚实融合运行的模式非常有必要。虚实融合可以在提升人的技能和装备的智能化程度，以及感知煤岩信息与煤层高精度导航地图的基础上，为构建自动化和智能化程度较高的工作面提供可靠的技术支持。

在此基础上，进一步促进人机关系发生变化，集控人员需从全局视角掌握完整工作面实时运行工况，预测与决策出整体运行最优策略与控制值。巡检人员在现场一线进行巡检，发现细节和问题，最终实现由人到机和由虚拟维度到物理维度的反向控制，使物理工作面运行可按照虚拟工作面仿真规划运行出的最优策略进行工作。

2.3　综采装备虚实融合发展阶段

2.3.1　综采装备虚实融合发展阶段梳理与划分

本节梳理了当前综采装备虚实融合发展的相关动态，将其过程划分为如下四个阶段。

(1) 虚实融合 1.0 阶段：基于离线仿真的虚实融合 1.0 阶段的虚拟仿真。该阶段的虚拟仿真主要应用于培训和教学，主要目的是让操作人员了解井下综采工作面的情况、掌握装备操作技能等。虽然操作人员可利用的信息较少，但可以仿真展示或者可视化井下开采的较真实过程，实现低成本、低风险模拟实际操作[156]。

(2) 虚实融合 2.0 阶段：基于离线数据驱动的虚实融合 2.0 阶段的虚拟规划与调试。在虚实融合 1.0 阶段的基础上加入综采工作面实际运行过程中获得的运行数据，以离线构建的方式复现出真实综采工作面运行工况。这一阶段虚拟场景与真实工作面在时间维度上是不统一的，但仿真效率得到了提高。此外，还可以基于“人”“机”“环”“法”等信息对整个物理综采工作面进行无缝的、多样化的、参数化的虚拟规划，并将它与真实控制系统连接到一起，进行真实控制系统的半实物虚拟仿真与调试[157]。

(3) 虚实融合 3.0 阶段：基于实时数据驱动的虚实融合 3.0 阶段的虚拟监测。由于在虚实融合 2.0 阶段存在因时间尺度不一致不能在线分析的问题，因此在虚实融合 3.0 阶段，通过实时信息驱动虚拟场景，追求虚拟场景与真实系统的同步运行，建立包含虚拟监测和预测功能的数字化高精度实时虚拟工作面，操作人员根据准确重构的虚拟场景信息进行远程人工干预[158]。

(4) 虚实融合 4.0 阶段：基于双向信息闭环交互的虚实融合 4.0 阶段的虚拟 AI 反向控制。在该阶段，在实时虚拟重构的基础上，构建出能进行预测、决策、分析的综采平行系统，对预规划与可行路径进行仿真，并实时绑定当前状态，利用 AI 决策出仿真过程中的最优策略，同时与实际控制系统连接，打通双向闭环的信息通道，再把最优策略转换成控制指令，返回给物理工作面的控制系统，使控制系统按照最优策略来运行[159]。

图 2-6 给出了这四个阶段的演化发展过程和主要特征，可以看出，四个阶段的主要区别是利用的数据不同。虚实融合 1.0 阶段利用的数据主要是 3D 建模中的一些信息以及常规的显性知识信息与内容。虚实融合 2.0 阶段利用的数据是实际工作面已经采集到的数据和一些隐性的经验、知识、配套知识等，将其输入到虚拟工作面中进行参数化模拟规划，为设计过程提供决策。虚实融合 3.0 阶段利用的数据是在线的和实时运行的数据，是物理数据实时驱动虚拟运行的过程。虚实融合 4.0 阶段是在虚实融合 3.0 阶段数据驱动的基础上，通过 AI 反馈实现智能化运行，使虚拟工作面决策出最优运行的策略进而进行反向控制。这四个阶段是环环相扣的，前一个是后一个的基础。

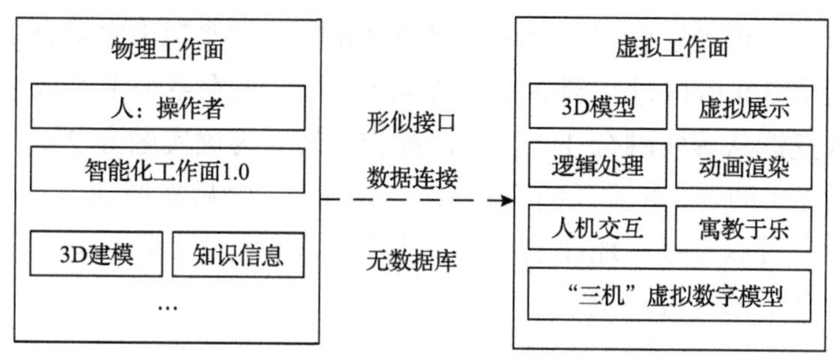

(a) 基于离线仿真的虚实融合1.0阶段的虚拟仿真

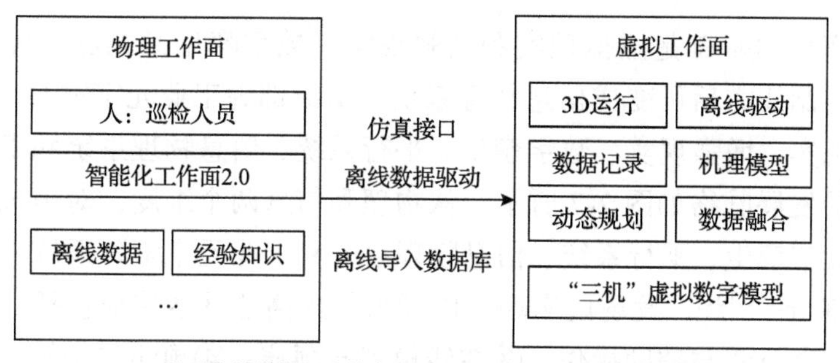

(b) 基于离线数据驱动的虚实融合2.0阶段的虚拟规划与调试

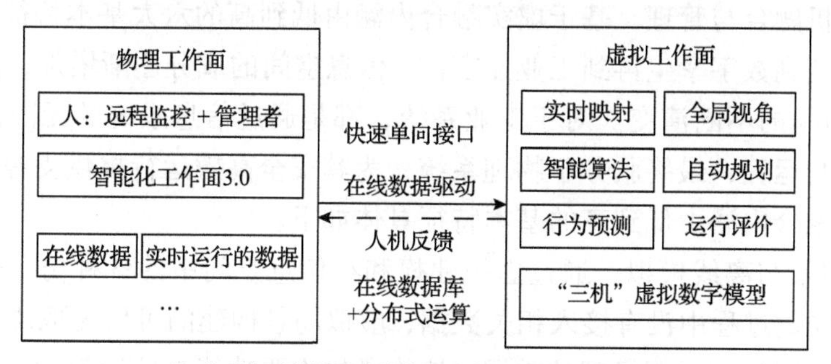

(c) 基于实时数据驱动的虚实融合3.0阶段的虚拟监测

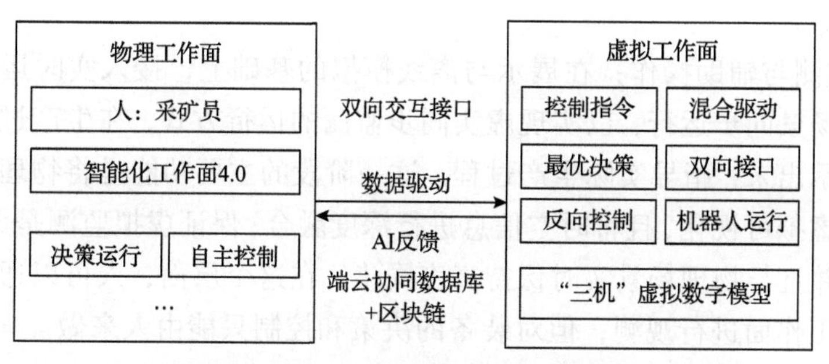

(d) 基于双向信息闭环交互的虚实融合4.0阶段的虚拟AI反向控制

图 2-6　四个阶段的演化发展过程和主要特征

基于以上工作可以发现，由虚实融合 1.0 阶段过渡到虚实融合 2.0 阶段，再由虚实融合 3.0 阶段过渡到虚实融合 4.0 阶段，人在系统中的地位逐步改变和进化。人逐渐从虚实融合 1.0 阶段的操作者转变为虚实融合 2.0 阶段的巡检人员，再到虚实融合 3.0 阶段的远程监控+管理者，最后发展到虚实融合 4.0 阶段的采矿员，可以直接在地面上的调度中心完成井下工作面的远程操作工作，彻底告别了井下的危险环境。

2.3.2 虚实融合各阶段的内涵与特征整体分析

数字孪生的基础是虚拟现实和增强现实，数字孪生又能够延伸出平行系统，加上控制能力后可变成信息物理系统，最终都为工业元宇宙打下基础。

虚拟现实、增强现实、数字孪生、平行系统、信息物理系统和工业元宇宙六种技术的发展脉络如图 2-7 所示。从物理和信息两个维度，对虚拟现实、增强现实、数字孪生、平行系统、信息物理系统和工业元宇宙各系统具备的基本特征进行剖析[160,161]，发现虚实融合内涵由低到高的基本特征包括：①展示与离线模拟；②监测与辅助操作；③在线模拟与预演；④预测与决策；⑤反向控制；⑥人机融合与管理。基于虚实融合内涵由低到高的六大基本特征的支持，从物理维度到数字孪生再到工业元宇宙，信息空间的成分逐渐增加，从而诞生了实∞到虚∞的不断演变。对于工业系统，都是通过信息系统的无限试错、推演、模拟与运算，最终服务于物理系统，为其安全高效运行提供支撑。

虚实融合内涵由低到高的基本特征具体如下。

(1) 展示与离线模拟：通过虚拟建模和在信息空间中的各种仿真来展示运行状态，在此过程中没有接入相关数据，虚拟场景构建的可信度取决于相关的建模水平和对物理过程机理的掌握。该阶段的主要功能是培训教学、产品的展示、科普等。

(2) 监测与辅助操作：在展示与离线模拟的基础上，接入实时运行数据，驱动虚拟场景同步运行，以实现虚实同步监测的运行方式，在生产过程中把实时信息显示出来，指导实际生产过程。这一阶段的主要功能是将物理过程实时运行状态虚拟可视化，且将时空信息进行深度融合；保证虚拟监测是无延迟的、准确的，并且与物理场景实时保持高度同步。在这个层面，人可以通过虚拟场景对综采工作面进行观测，但对装备的决策和控制只能由人来做。

(3) 在线模拟与预演：在数据驱动构造的虚拟场景基础上，通过虚拟引擎复制出基于实时数据的虚拟运行状态，对未来运行状态进行全流程模拟。利用深度学习、强化学习等方法，对所有可行路径进行全模拟并实时更新与显示，

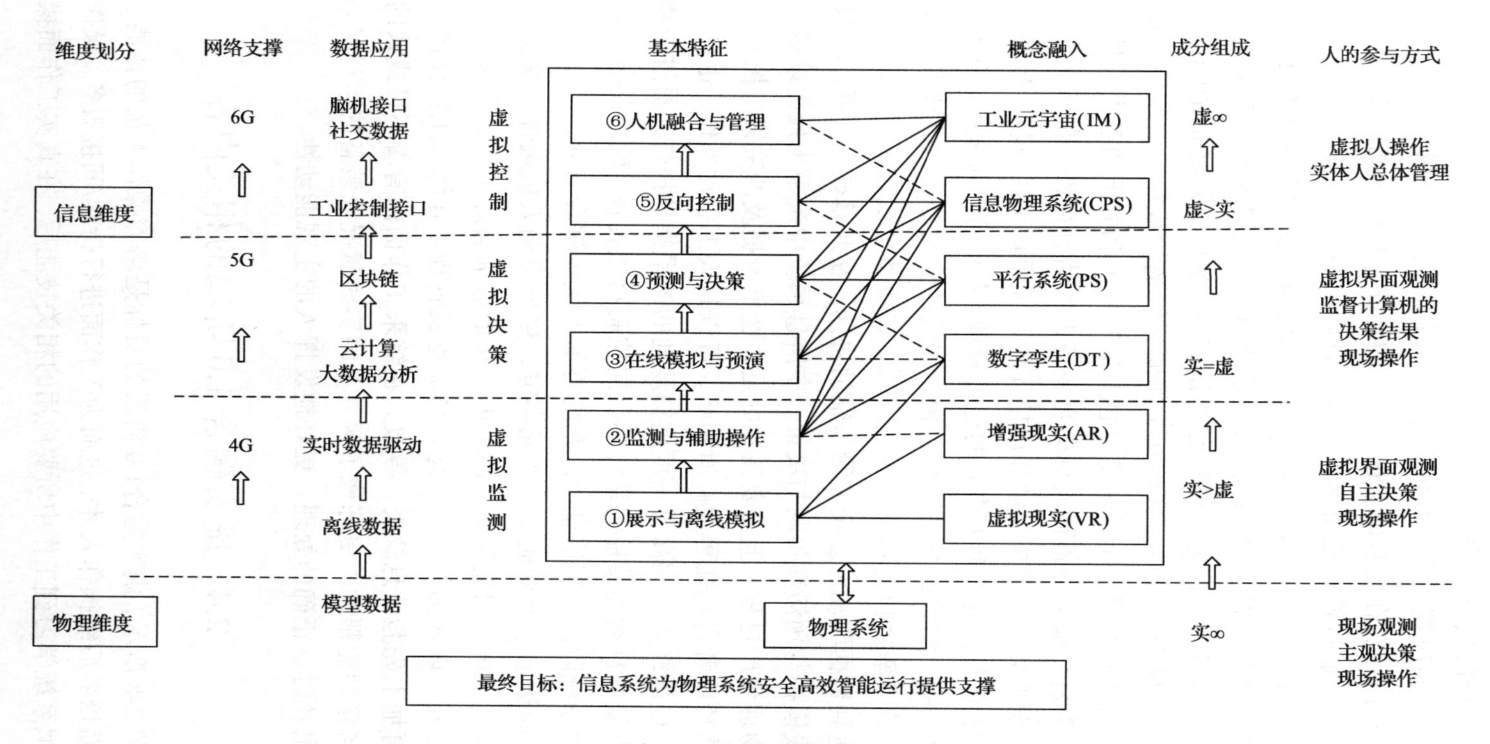
全包含
部分包含
维度划分
网络支撑
数据应用
基本特征
概念融入
成分组成
人的参与方式
信息维度
物理维度
6G
5G
4G
脑机接口
社交数据
工业控制接口
区块链
云计算
大数据分析
实时数据驱动
离线数据
模型数据
虚拟控制
虚拟决策
虚拟监测
⑥人机融合与管理
⑤反向控制
④预测与决策
③在线模拟与预演
②监测与辅助操作
①展示与离线模拟
工业元宇宙(IM)
信息物理系统(CPS)
平行系统(PS)
数字孪生(DT)
增强现实(AR)
虚拟现实(VR)
物理系统
虚∞
虚>实
实=虚
实>虚
实∞
虚拟人操作
实体人总体管理
虚拟界面观测
监督计算机的
决策结果
现场操作
虚拟界面观测
自主决策
现场操作
现场观测
主观决策
现场操作
最终目标：信息系统为物理系统安全高效智能运行提供支撑

图2-7　发展与演化脉络

为人提供充分的决策依据。

(4) 预测与决策：在模拟的基础上，对各种模拟结果进行评价，决策出系统最优运行路径。在此基础上进行相关的预测，根据预测结果，结合实时虚拟监测场景，人通过控制按钮远程控制装备做出相关动作。

(5) 反向控制：将决策出的最优结果与装备的物理控制系统进行全流程信息交互，实现物理与虚拟的无缝衔接。系统可以自动地将虚拟控制指令转变为真实的物理控制指令，真实的物理控制指令直接控制相关装备做出相应的动作。

(6) 人机融合与管理：让包括工作面一线巡检人员、集控中心操作人员、各个关键岗位监控员、地面调度中心人员等井上和井下的各类人员佩戴可穿戴式装备、头盔、眼镜等各种人机交互装备进入信息世界，在一个统一的工作场景中进行虚拟会议、虚拟互动和虚拟评价，从而真正实现整个矿井的时空一致与互联。虚拟人负责整个工作面的运行管理，人只需要对虚拟人进行监督即可。

图 2-7 中，实线的含义是全包含，虚线的含义是弱包含或者部分包含。可以看出，数字孪生包含两条实线（①和②）和两条虚线（③和④），说明数字孪生至少应达到数据驱动的虚拟监测与辅助协同。在此基础上，可以将数字孪生延伸出在线模拟与预演和预测与决策，在信息系统中决策出最优策略，用于指导实际的物理生产过程。但需要注意的是，这里所提及的决策与控制不需要对信息传输路径或者自动化程度有所判断，可以是人工手动操作，也可以是程序智能控制，但最终要利用高可信度虚拟规划的结果指导操作人员进行物理操作。如果这里变成自动连接控制系统的反向控制物理装备，就由数字孪生过渡到了信息物理系统阶段。而信息物理系统再加上人机融合与管理，使信息系统朝着虚∞的方向迈进，就变成了工业元宇宙，更加强调人机融合，这也是一些学者探讨的工业 5.0 的相关概念，即不再一味地追求黑灯工厂，而是更加注重以人为本，融入了以人为核心的概念，更加重视管理。在综采工作面内，工作环境复杂，再加上先验信息缺失，导致人在综采工作面内有着不可或缺的作用。人机融合与管理能帮助人更好地了解井下的实时状况及装备的运行状态，对各种情况做出及时、正确的处理，更好地发挥人的主观能动性。

2.4 虚实融合 1.0 阶段的相关内容

如图 2-8 所示，虚实融合1.0 阶段的目标是培养操作人员的技能，以及为井下工作面培养后续操作人才，进而为工作面进行持续/间接服务。操作人员通过相关虚拟系统学习到工作中所要应用的相关技能后，在真实工作面操作装备时就会变得游刃有余。

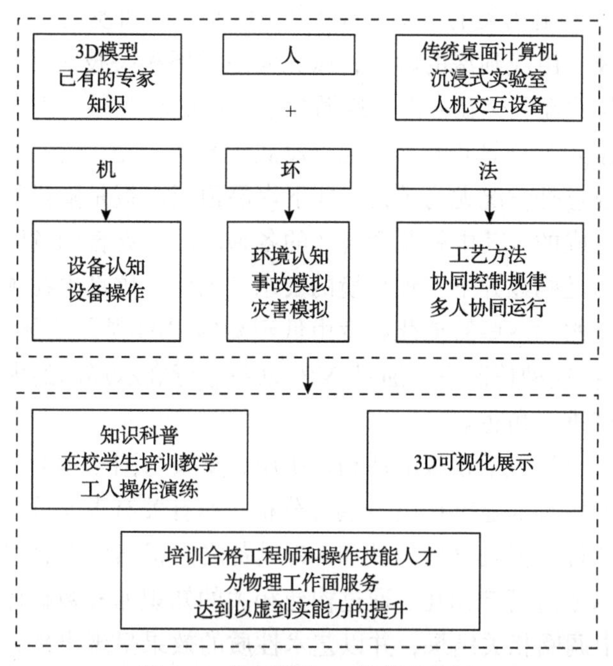

图 2-8　虚实融合 1.0 阶段的特征

虚实融合1.0 阶段可以沿着以下目标逐步实现，即动画展示—培训教学—部分交互—参数化多样化的仿真—预演进行。

2.4.1　艺术性的动画展示

首先进行艺术性较高的动画展示，以形象生动的可视化方式让人体验井下操作和工作环境。从三元素（“机”“法”“环”）来看，可分为“人”与“机”交互、“人”与“法”交互和“人”与“环”交互。

在“人”与“机”交互方面，首先要对结构的认知、工作原理进行展示，通过虚拟装配和运动仿真动画的形式呈现。在此基础上，需要虚拟操作技能，实现按照真实装备的操纵面板和遥控器设计完全一致的用户界面按钮，进而让人在虚拟仿真环境中模拟操作装备，做出相关动作，培养相关操作技能[162]。

在“人”与“法”交互方面，装备是协同工作的，操作人员需要对其协同控制系统运行的机理、监测、控制、故障诊断等方面有较为深入的了解，具体包括采煤工艺知识、“三机”配套运动关系、中部配套和端部配套等关系以及控制系统关联的相关变量[163]。以上都是通过对一些技能熟练和水平较高的操作人员的操作技能和人工知识经验进行信息提取，从而形成相关的人工知识模型。理清操作流程和层次，设计好运行操作逻辑脚本，将相关行为进行编程，虚拟现实同步呈现出相关的渲染动作[164]，并进行认知模式、学习模式和考试模式的逐层逐级、由浅到深的学习，以扎实地掌握相关技能。

在“人”与“环”交互方面，遵循井下环境的客观科学事实，建立相关检验知识模型，让人有意愿和有兴趣地沉浸式参与实验是关键。在某些情况下，环境设立的出现意外情况尤为关键。井下煤层顶板底板是随机的，或者说是在井下范围随机生成的，其中就蕴含潜在的各种事故、灾害和危险，而现在探测的数据并不能满足构建井下培训环境的要求。因此，仿真中在顶板、底板和环境设置方面需要构建一些智能化程度由低到高的“AI 游戏物体”，与人进行沉浸式交互[165]。在这种情况下，通过 VR 设备进行展示局部的虚拟操作，可以使操作工人快速进入角色。

相关环境的分析包括顶板的活动、矿压、支架与围岩耦合等方面，可以和应用于各学科的各种商业软件进行耦合分析，如有关有限元分析、岩土力学等专门性的仿真软件。但是这些软件和 VR 设备之间仍然没有直接的接口，只能将仿真分析的结果进行知识化，通过构建相关的知识库和数据库，才可以方便地从 VR 系统中调阅相关结果，并以艺术性质的效果呈现出来，还能让人获得相关的沉浸式体验[166]。

2.4.2 展示、事故模拟和培训演练

针对在综采工作面开采环境中装备物理操作过程中碰到的一些典型问题或事故，如对液压支架群和顶板进行围岩耦合支护，井下突发水害或在装备运行过程中碰到褶皱、断层等地质构造，在 VR 环境中，操作人员可以沉浸式进行相关操作培训，从而提升操作人员应对并解决这些问题的能力。随着虚拟开采和操作的进行，系统还会模拟工作面可能出现的一些环境、事故或设备故障等问题，从而提升并检验操作人员的操作能力[165,167,168]。

具体实现以采煤机采煤过程中遇到的瓦斯事故为例进行说明。在虚拟采煤机截割过程中，首先会对井下环境进行可视化渲染，利用 VR 软件中的粒子系统构造出一些烟雾效果组成的可视化环境，接着虚拟瓦斯探测仪器的数值也相应升高甚至发出警报。操作人员在 VR 环境中深刻感知到这些现象出现时，首先需要判断出相应的事故种类，然后处理这些故障，正确的操作是使用采煤机遥控器控制采煤机紧急停机，人员尽快撤离，如果操作不当就会出现采煤机爆炸等严重后果。最终经过反复训练，操作人员学会如何在这些危险的情况下进行正确的操作[169,170]。在真实的操作过程中，一旦遇到相关的问题，操作人员

就能紧急发现这些问题和故障，并及时排除。

因此，在 3D 可视化的过程中，“人”必须充分掌握“法”“机”“环”的内在运行原理和操作技能知识，在 VR 环境中进行非常形象生动的培训演练，进而能够更好地适应井下的工作岗位，安全高效地进行开采活动。

2.4.3　操作装备

操作人员要想沉浸式地进入虚拟工作面中进行操作演练，需借助人机交互装备[171,172]，既包括传统的鼠标键盘交互装备，也包括专业的虚拟现实人机交互装备，如头盔、力反馈器、触觉手套、位置跟踪器、沉浸式眼镜等，这些装备可以增加人的操作体验感和沉浸性。

除了以上装备，操作装备还应包括真实在井下工作面特殊使用的设备，如液压支架的电液控制器、采煤机的遥控器或者集中控制中心的操作台、操作手手柄和按钮等。这些装备可以称为初级的“半实物仿真”。将这些真实的操作装备和控制程序等与 VR 程序中对应的虚拟装备连接到一起，通过控制真实装备进行虚拟仿真操作。操作装备、运行机理和运行流程与真实工作面完全一致，接近实战操作[173,174]。

在 VR 环境中，工作面各岗位操作人员对“机”“环”“法”进行相关的接近真实工况下的模拟操作，可以掌握工作面的运行状态和工况，显著提升操作技能；在 VR 系统中操作失误以后，还能感受到操作失误带来的严重后果，了解违章操作的严重性，提高安全意识。

2.4.4　整体特征

本节从 VR 系统的场景仿真度(虚拟场景)、数据使用、人机交互和培训方式等多维度对虚实融合 1.0 阶段的整体特征进行分析。

1)虚拟场景

在虚实融合 1.0 阶段，构造较逼真的可视化场景效果是前提，而模型构建是基础。首先通过装备图纸数据进行建模，接着利用仿真引擎中的渲染模块进行贴图、设置灯光、烘焙等流程，使场景在视觉上越来越真实[175]。在此视觉渲染的基础上，模型应能够做出与现实行为完全一致的虚拟行为，因此用到的实际数据也将越来越多，需要将一些装备的机电液、运动学和动力学的机理知识编入到虚拟装备的控制脚本中。相关操作人员在 VR 系统中进行模拟操作，所有操作具有操控真实装备的操作感。

2) 数据使用

要想虚拟环境构建得精准，必须用到现实的一些数据，如最简单的采煤机、刮板输送机、液压支架等装备的工业图纸，在机械设计领域专门的 CAD 软件中，如 UG、Pro/E、SolidWorks 和 CATIA 等，严格按照结构、尺寸、装配要求等进行 1∶1 的标准建模，这里用到了装备本身的结构数据。

首先利用煤层的地质探测信息构建初始地质煤层，基于装备运行过程中的开采行为进行动态地质模型构建，这里用到了地质数据和装备运行数据。

接着对虚拟行为进行高仿真度的刻画。基于装备的运行原理，包括电控、信息、机电液、控制、运动学和动力学等多学科知识，进行行为设计。在这些数据中，一些简单的知识如运动学可以写出相关公式，需要将这些公式编入到虚拟仿真引擎的脚本中。而对于一些专门的商业软件，如 ADAMS、ANSYS 等，软件本身无法与仿真引擎直接交互耦合，因此必须将基于真实数据分析获得的结果嵌入到软件底层中[176]，并且根据相关知识设置一些题目，让操作人员在操作过程中对知识进行逐步学习，切实掌握操作整体工作面装备正常运行的技能。

3) 人机交互

在普通的鼠标键盘交互的基础上，人机交互可建立 360°旋转的环幕显示系统，引入更多的人机交互装备来增强体验感和沉浸性，使培训者更加身临其境。早期的系统投资与硬件十分昂贵[177]，如 5DT 数据手套、力反馈器、头戴式显示器等硬件。这些装备可应用于模拟人操作，获得虚拟经验，让操作人员体验操作失误所带来的后果，进而在其实际工作过程中减少问题的发生。随着 VR 硬件在消费级别的成本逐渐降低，近五年来，不需要搭建大型环幕、全沉浸性等大型实验硬件环境，只需要购买一些简单的硬件装备就可以完成实训，如 HTV Vive、Azure Kinect 和 X-Box 等，这大大促进了在各工程领域中培训操作工人技能的应用发展。

4) 培训方式

培训中逐渐采用问答、做题、知识概览-学习模式-考核模式等方式逐步学习至深层次[178]，并且还开发了相关的网络教学系统，可以通过 Web 使更多的人同时进行虚拟仿真采煤实验，这对煤矿等场景来说是非常有必要的。

2.5 虚实融合 2.0 阶段的虚拟规划与调试

如图 2-9 所示，在虚实融合 1.0 阶段培训井下操作工人技能的基础上，面向工业过程进行虚实融合 2.0 阶段的相关工作，两者在场景构建、数据使用、虚拟规划和半实物仿真等四个方面的内涵有明显不同。

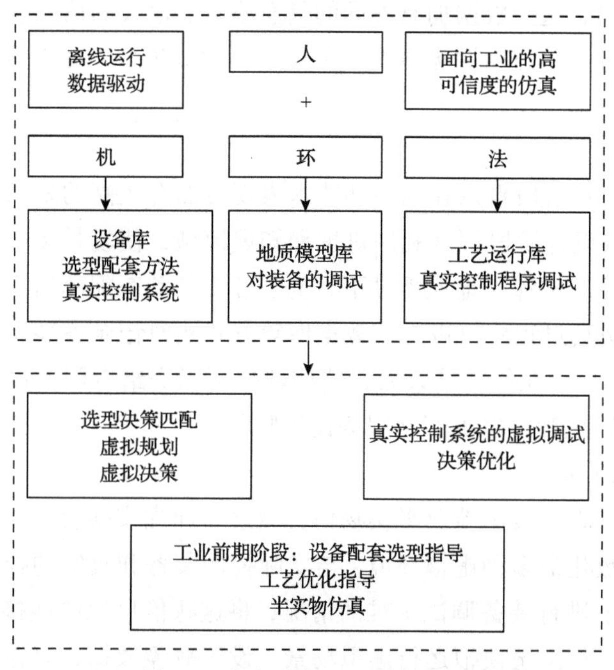

图 2-9　虚实融合 2.0 阶段的特征

1) 场景构建

虚实融合 1.0 阶段注重的是培训人，对装备和地质模型与真实行为的一致性等方面的要求并不高，能够达到一个神似和形似较为接近的水平即可。虚实融合 2.0 阶段则是面向工业的初级版本，注重的是仿真的高可信度，其运动仿真度必须达到与真实运行机理高度一致的程度[178]。

2) 数据使用

虚实融合 1.0 阶段利用部分离线数据来构建固定的仿真场景，以实现可视化的仿真；虚实融合 2.0 阶段则需要深度利用多尺度、多维度的装备地质等相关数据，主要目标是构建高可信度的、针对不同地质条件和不同配套装备的参数化综采工作面生产系统场景[179]。

为达到以上目标，除了需要利用装备图纸等数据构建高仿真度模型外，还需要地质信息相关数据及装备运行数据，这些数据均来源于真实的综采工作面实际运行过程中，通过将信息存储到相关数据库获得历史运行数据，前提是所有数据必须为真实数据。数据可以是各种位姿监测传感数据、视频数据，也可以是利用近几年才在井下出现的一些三维激光雷达等扫描出来的装备与地质环境数据。在当前的井下环境下，可通过 WiFi、4G、5G 等通信网络进行信息采集和传输，这些数据拥有不同的信息格式、很大的信息容量以及很多无效的数据，需进一步进行数据清洗、分类等深度处理后，才能输入 VR 系统中运行。

3) 虚拟规划

虚实融合 1.0 阶段重点在动画和艺术表现方面有较高的要求，而虚实融合 2.0 阶段是在各设计阶段深度利用机理和知识模型，使场景按照真实运行模式运动起来。在不同的煤层地质条件下，基于各装备动态配套运行关系进行相关仿真运行。在仿真过程中可以通过数据库等方式实时记录各装备及煤层地质模型的运行数据[180]。在仿真结束后，这些数据可以交给专门的设计人员进行分析、规划、运行决策，以更好地服务设计阶段。

4) 半实物仿真

虚实融合 1.0 阶段不涉及半实物仿真概念，而虚实融合 2.0 阶段需要创造更丰富、更参数化的多种虚拟环境，与实际控制装备和真实的控制程序进行连接。针对在井下进行装备调试困难的情况，将这些信息双向连接，可以使真实控制程序驱动 VR 系统模拟运行虚拟场景，设置故障数据，以检测这些控制装备和程序设计是否存在问题，从而实现在地面联合调试的第二个阶段就可以完整地对井下工业现场的电控系统进行完整调试的目标[181]。

2.5.1 虚拟规划

要构建精准的装备虚拟模型，必须参数化其运动关系，根据知识模型和真实数据驱动建立，且遵循真实的运动规律，这样的场景才更具有“生命力”，才能进行更深入的工程研究[182]。VR 系统的底层控制脚本必须嵌入知识及机理模型，如液压支架电液控制器的一些工艺、运行控制参数，液压系统相关参数[183]，采煤机的调高油缸的参数及其与摇臂调高的运动学模型等。在信息处理的基础上，虚拟装备可以近似称为具备一定程度真实装备的数字孪生体[184]。

构建虚拟仿真装备模型库及多种类虚拟煤层模型库的步骤为[185]：基于给定的综采装备型号，构建真实反映装备几何结构与机械特性的虚拟综采装备模型，并设置包含几何尺寸参数、动作特性参数、电气参数、工艺参数、故障参数等的综采装备运行仿真参数[186]；完成各种不同煤层地质条件和装备配套关系的综采装备虚拟模型的构建，初步建立装备模型库[187]。虚拟装备添加机理模型，搭建虚拟数据交互通道，并设置数据存储功能，解析综采单机动作及多机协同运行规律，编写控制脚本实现虚拟环境下单机动作仿真及多装备协同运行仿真，对动态的多机配套运行关系进行实时规划[188]，以使其仿真运行达到复现真实装备运行的目的。

2.5.2 参数化驱动模拟改变地质模型

除装备外，虚实融合 1.0 阶段对煤层地质模型的考虑也较少。在虚实融合 2.0 阶段，准确构建地质模型非常重要，这是井下工作面开采比地面数字化工厂运行更具难度的重要原因之一，因此，必须对地质模型进行重点研究。目标是构建参数化可变的，且能体现井下复杂起伏的煤层顶底板、周期来压和煤壁垮落等特殊的环境工况[189]。

将不同煤矿的地质探测数据经过克里金等插值方法拟合成煤层曲面，构建虚拟煤层地质模型来展示仿真装备与煤层地质模型的联动[190]。煤层地质模型可分为静态地质模型和动态地质模型两类。静态地质模型是自然界客观存在的，但是当前由于探测技术及探测成本的限制，地质探测的精细化数据较少，只能构建一个模糊不准确的初始地质模型[191]。动态地质模型随着采掘行为实时修正并动态变化[192]。

基于历史开采信息及相关煤层探测信息，构建虚拟煤层地质模型，包含不同倾角及起伏程度的煤层顶底模型及煤壁模型等[193]。静态数据是指从地质勘探及巷道掘进过程中获取的钻孔数据、数字高程模型(digital elevation model, DEM)数据、实测数据。从静态数据中提取到的离散点，可作为建立三维煤层模型的基础数据。动态数据是指在煤层工作面回采过程中获得的煤层相关数据，包括石门见煤点、井巷数据、井下钻孔数据等地质数据以及装备运行数据[194]。动态数据是在采掘过程中产生的真实、局部的煤层空间分布及属性数据，具有范围小、密度高的特点，可以作为静态数据的补充对模型进行修正，因此如何更好地利用动态数据决定了煤层模型的精细程度[195]。

一些专业的地质分析软件如 ArcGIS 等可以无缝衔接地质数据[196,197]，还可以实时进行动态分析，并实现煤层地质模型的参数化驱动。

2.5.3 基于物理引擎的煤层装备联合虚拟仿真模型

地质软件仅能对地质环境进行仿真建模，并不具备仿真装备的功能，而相关的能对装备进行仿真的软件又不能较好地支持地质模型仿真，两种软件不能合作，存在装备仿真与地质模型分离的问题[198]。因此，必须进行煤层装备联合虚拟仿真模型的构建。

煤层地质模型是由采掘装备的采掘行为运行出来的，而地质模型又是采掘装备运行理想状态的目标曲线。两者是一种极其复杂的耦合关系，也是一个典型的多学科融合问题[199]。因此，地质软件(与地质数据便于衔接)和虚拟软件(装备仿真)之间需要有接口，而从构建方法上来看，必须找到连接两者的相关接口或者探索新的能将煤层地质模型和装备运行融合到一起的软件或方法。

Unity3D 软件具备物理引擎组件，可以模拟物理世界中装备与曲面之间的真实碰撞关系，可实时动态变化并将综采煤机装备群与煤层地质模型集成到虚拟环境中，根据工作面布置规律及物理特性搭建虚拟综采工作面虚拟仿真运行环境，进行相关虚拟装备和虚拟煤层模型修补，使两者都具有接触碰撞特性，构建装备与煤层耦合的虚拟接触模型[200]，进行装备与煤层虚拟接触模型参数的设定。

对综采装备与煤层耦合虚拟接触定位方法进行研究，包括虚拟刮板输送机与底板耦合定位分析方法、基于虚拟煤层顶底板条件的液压支架群定位定姿方法、液压支架与刮板输送机中部槽浮动连接虚拟定位方法等[201]。

2.5.4 煤层装备联合虚拟仿真

煤层装备联合虚拟仿真即装备与煤层的联合仿真，预演综采装备全流程运行过程及不同综采工艺，测试多装备协同运行控制系统的可靠性，验证装备配套选型的正确性[202]。场景是可参数化的，可以将实际的地质软件与装备运行的真实离线数据进行连接仿真，流程如下。

(1)复现工作面整体运行的情况。

(2)在复现的基础上，对当前运行情况进行评估，并对未来的运行情况进行预测。

(3)在复现工作面和评估预测工作面行为的基础上，利用建立的煤层装备联合运行参数化模型，对当前还不存在但未来必定能够使用支持的新兴技术进行态势预测与分析，对顶层设计者与政策执行者提供技术支撑[203]。

将“人”“机”“环”的历史数据都输入到 VR 中，通过大屏幕的可视化，为历史、现在和未来的可持续采煤提供基础[204]。新兴先进的传感器采集到的数据经过格式转化进入虚拟世界规划，缩短设计审查决策时间。将历史数据融入运行模型，构建机理模型并嵌入 VR 系统底层控制脚本，进行多样性参数化规划。根据设计者的需求改变数据，通过可视化仿真及过程数据的记录与分析，实现对未来发展趋势的预测。此外，还可构建技术流程的虚拟模型，形成虚拟运行节拍，通过大数据分析，找出当前装备运行存在的问题和弊端，以此来提高装备在现实世界中的工作效率。

2.5.5　虚拟调试

在虚拟规划的基础上，连接真实控制器与控制程序，即可到达半实物仿真阶段，可以称为虚拟调试[205]。虚拟调试可以看到真实的控制系统中可能存在的各种各样的问题，在前期就可以避免，并且在地面上就可以对控制系统进行改进，使其在井下真实的工业场景中工作时产生更好的运行效果[206]。

搭建虚拟数据交互通道，实现装备控制系统物理命令与虚拟运行参数双向传递；构建数据存储系统，实现装备控制命令及仿真运行数据的实时存储；基于单片机及可编程逻辑控制器(programmable logic controller, PLC)技术搭建虚实数据交互通道，实现物理控制系统与虚拟仿真环境的双向数据交互；基于数据库技术实现物理控制命令及虚拟装备运行参数的实时存储；基于半实物仿真技术完成单机及多装备虚拟仿真运行，测试单机控制系统的正确性与可靠性。

基于半实物仿真技术完成综采装备单机及多装备运行测试[207]的内容为：测试实际综采单机控制系统对虚拟装备动作控制的实时性、准确性与可靠性；对于给定选型的综采装备群模型，测试虚拟环境下多装备协同运行时的几何尺寸及动作功能的配套程度，避免装备间发生外形或动作干涉问题；测试实际装备协同控制系统对虚拟装备群协同运行控制的正确性及可靠性；预演综采工作面全流程运行过程，排查潜在故障问题并完成不同控制方法的测试与验证。

2.6　虚实融合3.0阶段的虚拟监测

虚实融合2.0阶段中的半实物仿真是将离线数据和真实控制程序接入虚拟仿真场景，虚实融合3.0阶段就是在虚实融合2.0阶段相关技术实现的基础上，接入实时运行数据进行在线驱动[208]。数据经过准确性处理后，通过虚实信息传输通道传输给虚拟模型中设计好的虚拟运行变量，使编译好的虚拟模型按照真实数据进行相关虚拟动作，进而使虚拟画面实时呈现出与真实物理场景完全一致的虚拟场景，包括综采装备单机与协同配套运行、煤层地质模型和实际地质形态动态修正与同步变化、装备与煤层联动耦合全局运行等方面[209-211]，逐步形成由物理维度到虚拟维度实时信息传输的数字孪生综采工作面，如图2-10所示。

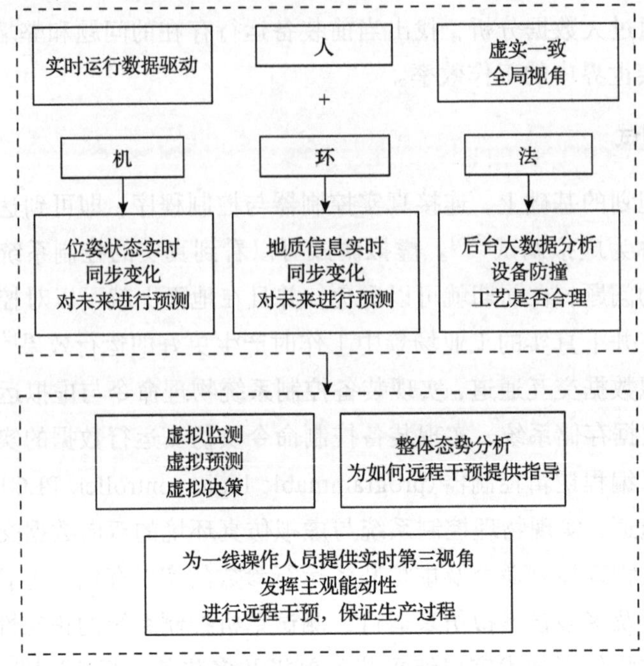

图 2-10　虚实融合 3.0 阶段的特征

2.6.1　数字孪生虚拟综采工作面

虚实融合 3.0 阶段构建由物理维度到虚拟维度单向信息传输的初级数字孪生综采工作面，形成工作面整体的实时位姿信息监测。该方法克服了传统方法中以数据和曲线的形式显示信息、与视频监控没有充分融合造成真实感缺失，以及传统的方法并不适合监测和控制等缺点[212]。

构建与真实综采工作面完全一致的三维场景，实时同步作业过程及工艺装备运行状态，准确呈现综采装备动态配套关系、作业过程、运行态势等信息[213]。实现真实煤层的虚拟建模与实时修正，并对装备与煤层之间的时空运动学关系进行分析，使操作人员全面把握整个工作面装备的运行状态。操作人员可以通过 VR 系统随时进入虚拟工作面观察装备运行工况，进而完成工业过程评估、运行和决策，实现“透明开采”的目标。

数字孪生综采工作面的工程意义在于实时精准地呈现出“三机”在煤层环境下的位姿关系，精确确定装备运行信息，提升煤炭生产自动化、智能化与无人化水平；科学意义在于发现综采“三机”在煤层上运行的时空运动学规律，具体包括综采工作面装备联合定位定姿推进规律、装备循环协同运行位姿变化规律、装备运行环境下三维煤层的形态变化规律，以进行深层次的预测与重构。

2.6.2 综采工作面 VR 监测系统

近年来，很多学者对综采工作面 VR 监测关键技术进行了研究。Zhang 等[214]对融合云计算物联网技术的综采装备虚拟监测技术进行了研究，开发了多角度实时观测的综采装备监测系统。张登攀等[215]对综采装备和环境进行了高精度建模，并构建了三维虚拟场景，基于 WPF(微软基于 Windows 的用户界面框架)技术实现了综采工作面的三维在线监测。王学文等[216]针对工作面场景监测对象多且动作复杂、单一服务器无法顺利完成全局监测的问题，对虚拟综采工作面场景构建及虚实交互方法进行了研究，构建了基于局域网协同的综采工作面虚拟监测系统，将工作面场景拆分为几个部分，安装在多个服务器中进行协同监测，以此减小各服务器计算压力。Lu 等[217]对基于网络平台的虚拟网络模型和骨架模型进行了研究，搭建了跨平台的综采装备 Web3D 监控系统。李娟莉等[218]对数字化综采工作面场景构建、虚实交互通道和虚拟模型驱动等关键技术进行了研究，搭建了面向智能化综采工作面的实时虚拟监测系统，实现了煤层与装备的协同监测。李娟莉等[219]还对综采装备虚拟监测的实时运行数据驱动、分布式局域网协同模型、一致性哈希算法等关键技术进行了研究，根据主机负载状况动态分配虚拟监测任务，并达到各服务器监测的平衡，最大程度保证了工作面虚拟监测界面运行的稳定性。

由以上工作可知，综采工作面虚拟监测从单机研究逐步过渡到了“三机”研究，从理想水平底板协同运行研究过渡到了煤层装备联合运行与协同监测研究。随着 5G 等高速信息通信技术的逐渐应用，高速数据通信接口已基本具备。但是，以往的研究均没有将装备与煤层联合起来进行描述，只是简单地展示装备运行状态，未能构造出相关装备在复杂底板条件下运行的真实位姿状态。

智能化综采工作面的虚拟监测过程必然是一个煤层装备协同联动的过程。虚拟装备模型需要与物理装备数据联动，虚拟煤层地质模型需要与真实煤层地质数据联动[220]。随着地理信息系统(geographical information system, GIS)的不断完善，很多大型煤矿都建立了矿井甚至整个矿区的地理信息系统，实现了企业自动化生产。要想将现场监测得到的数据与综采装备的时空关系联系起来，并做到整体实时预测分析和监控，需要将虚拟煤层与综采装备实际运行联合起来进行研究。在常规地质勘探的基础上，基于地理数据构建初始地质模型，利用煤岩识别等技术对装备运行数据实时修正，形成动态地质模型，再融合装备位置姿态和环境状态等实时数据形成动态透明工作面[221]。

为了将装备与煤层结合进行联合驱动，进而能精准呈现煤层与装备之间的耦合运行关系，需要研究装备与煤层之间的作用方式与定位，并获得更多的传感信息以进行深度融合的相关决策[222]。

综上分析可知，综采装备数字孪生虚拟协同规划与监测尚无较好的融合研究，两者均以实时数据为支撑，因此基于数字孪生技术，通过虚拟规划进而实时迭代的方式，先对装备与煤层耦合的运行关系进行求解，以获得初步最优规划运行数据；再基于实时规划运行数据分别构造综采工作面装备与煤层地质模型的实时虚拟镜像；最后对煤层装备之间的耦合运行关系进行双向动态修正。这是一种将虚拟协同规划与虚拟监测深度结合的可行途径。

2.6.3　信息的实时驱动方式

虚拟现实技术要求实时高保真地呈现虚拟环境/物体，前提是先建立精细的虚拟场景[223]。综采相关的虚拟现实监测技术已经取得很大突破，实时传感器信息驱动虚拟场景技术也已基本完备[224]，但井下环境恶劣，一些位姿信息传感器布置困难且极易失效[27]，主要表现为：虽然采煤机位姿传感器布置技术较成熟，可以准确获得采煤机的实时位姿信息，但刮板输送机地形检测传感器难以布置，液压支架无法进行准确定位，而且底座推移机构与刮板输送机中部槽的推移系统为浮动系统[225]，因此无法在每个装备上布置完全表达其姿态的传感器。传感器信息与虚拟装备动作无法一一对应驱动，组成了一个欠约束和欠自由度的虚拟系统，导致综采装备的真实状态无法准确表达，亟须研究如何在一些关键传感信息缺失的条件下，通过较少的传感信息准确获取到每一个装备的真实运动状态，最终实现用传感信息驱动虚拟装备运行[226]。

为了达到以上目的，需要掌握以下技术。

(1) 基于装备的煤层形态感知技术。煤层顶底板的构建是建立虚拟综采工作面的基础。当前通过煤层地质手段获得的相关地质数据存在较大的误差，其精度尚不足以支撑煤层地质模型的直接构建；而装备与煤层之间存在耦合关系，通过这一关系反向推理，获得煤层地质数据成为可能。通过对综采工作面“三机”信息传感体系的分析发现，采煤机感知的信息与数据较多，且其为工作面装备协同作业的主要引领者，可通过其自身携带的惯性导航、轴编码器和红外对射信息获得采煤机行走轨迹，实时获取前后摇臂上倾角信息，求得实时截割煤层的顶底板运行轨迹，通过曲面运算和多刀协同求得动态更新的煤层顶底板模型。

(2) 虚实融合位姿监测技术。基于物理引擎的虚拟仿真技术可以对煤层与装备的耦合运行态势进行相关的虚拟推演，以获得合理可靠的煤层装备空间关系，进而解决数据缺失的问题。

(3)基于非接触式的信息获取方式获得更多的环境感知数据。融入更多的时空感知数据，如通过三维雷达获得的点云信息和通过井下图像识别获得的相关图像识别结果等，进而对工作面环境进行实时信息增强。

2.6.4 虚拟决策与预测

在实时构建煤层地质数据库、扫描路径以及通过 3D 射线重构的综采工作面虚拟监测系统获得工作面整体运行态势的基础上[227]，对工作面实时运行状态进行预测与决策，以获得较优的运行策略。以实时 GIS 更新的地质模型指导工作面的运行路径、截割路径和装备运行状态，并通过集控人员手动干预的形式与工作面智能控制系统相连接，实现采煤机滚筒自动调高、液压支架自主跟机移架、工作面推进路径自主规划和工作面整体直线度的自动调直等控制目标。

物理运行过程的容错性非常低，井下作业一旦出错将产生严重后果。虚拟环境则可以在不付出任何成本的前提下，对所有可行方案进行模拟并评估。实时运行数据驱动的高精度工作面模型可以复制延伸出多个平行系统，如延伸出高仿真度的工作面水平推进规划系统，预测当碰到障碍或地质构造时可采取的方案，在系统中进行方案模拟[228]。对模拟过程进行评价，得出最优推进运行方案，使实际物理作业过程按照最优方案结果实时运行，以获得最大收益。

在线场景的多平行系统仿真的意义在于可以预测并指导装备的运行[229]。这些属于数字孪生的相关范畴，即在虚拟现实的基础上融入更多实时运行数据和机理模型。其特点是通过虚拟监测、预测和决策，形成最优策略，进而指导操作工人操作或井下作业。在未来可形成最优运行方案后，通过算法将最优运行方案转化为实际的控制指令，反向控制物理装备，即不需要操作人员的中间参与，物理空间即可按照虚拟空间中的最优策略指令，直接操控综采装备运行。

近年来，AR 技术逐步应用于地面上较多场景的巡检、维修、复制指导等工作，但还不能应用于井下综采工作面，原因是 AR 系统必须依托专门的 HoloLens 等头戴式硬件装备，但这些装备不符合当前井下防爆和安全要求。而 VR 系统可以在当前井下集控中心使用的防爆计算机上直接运行，无须考虑防爆等问题，这为虚实融合 3.0 阶段工作面的实时智能虚拟监测提供了便利条件。

2.7 虚实融合 4.0 阶段的双向信息人机闭环交互

如图 2-11 所示，在虚实融合 4.0 阶段，虚实融合程度接近信息物理系统，需要在信息空间与物理空间之间构建一套基于数据自动流动的状态感知、实时分析、科学决策、精准执行的闭环赋能体系，提高资源配置效率，实现资源优化[230,231]。物理世界与信息世界之间的数据交互、数据感知、智能计算、精准决策和控制，是融合计算系统、通信系统、感知系统、控制系统为一体的复杂系统。该系统通过大范围深层次的装备互联、系统集成和数据分析，实现从物理世界到信息世界的数字映射和信息世界到物理世界的优化反馈及控制。构建数据驱动的智能化闭环，为生产过程智能化转型升级提供技术支撑[232]。

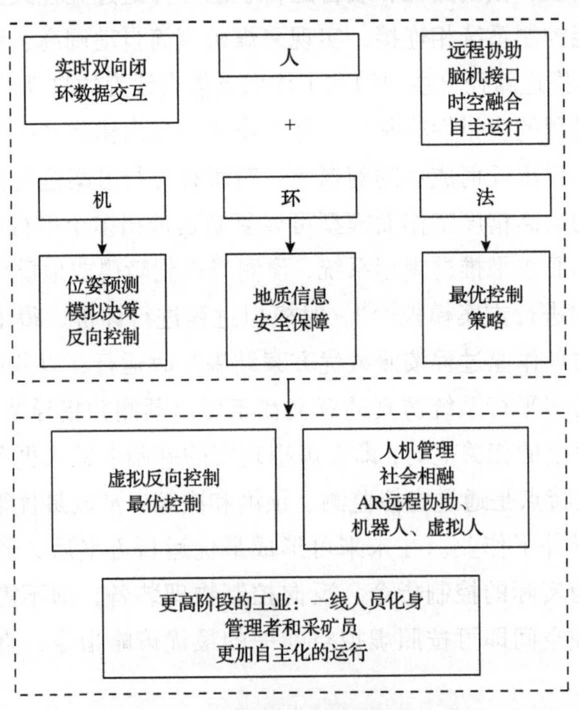

图 2-11 虚实融合 4.0 阶段的特征

在此阶段，“人”和“机”深度融合，两者互相支撑，能力互补，协同完成相关工作。

2.7.1 基于监测结果的决策与控制

综采工作面控制系统是智能综采工作面的大脑。控制系统利用智能传感技术，实时采集装备状态参数及煤层地质信息等生产过程的数据，并做出分析与决策。智能控制涉及知识自学习、开采行为自决策、分布协同自运行等关键技术[233,234]，可将数字孪生技术引入综采工作面控制系统，从而进行算法迭代优化、性能评估以及自主决策控制，对物理实体的实时状态和历史状态进行真实反馈与自主学习[235]。为更好地实现工作面开采过程的智能分析与决策，通过应用大数据融合技术[236]、信息逻辑模型构建技术[237]、模型数字化技术[238]、分析决策技术、机器学习技术以及平行系统理论[239,240]，分析获得综采装备精准控制决策信息[241,242]，为综采装备协同控制提供理论与技术依据。

采煤机、刮板输送机、液压支架紧耦合关系下的最优控制逻辑与时序规划是综采工作面控制指令执行中的关键问题，相关学者设计了支架群跟机推进行为智能决策模型[237]，可实现供液动力与支架动作协同控制策略的动态决策，产生全局最优规划；人机交互协同[243,244]是综采工作面反向控制中的典型应用场景，可采用触控界面、视线跟踪、语音交互、手势识别、脑机接口(brain-computer interface, BCI)等技术实现远程控制[245]；利用AR技术，建立物理综采工作面、云服务器、数字综采工作面三者协同构成的数字孪生闭环，进一步提升了沉浸感、便捷性与虚实融合程度，具备单人或多人协作对综采工作面进行反向控制的能力[246,247]。

综上所述，综采装备控制系统的优化决策、综采工作面生产系统的智能调度、人机交互与自主协同控制等理论与方法有待深入研究，可通过数字孪生模型之间的智能交互机制实现人与综采工作面的智能协调与有机融合，以达到综采装备的实时优化运行与协同控制一体化的目的。

从粗细维度上来说，在虚实融合4.0阶段，综采工作面的数字孪生系统非常复杂，当前仅能形成粗维度虚拟监测。要构建全流程全要素的工作面数字孪生系统，从宏观的运行姿态到装备的零部件运行状态、动力学、疲劳寿命分析等，再到围岩与地质的情况，都需要精细化的实时运行场景以及有限元、离散元、动力学和深度大数据分析的结合应用。形成知识与数据融合驱动的运行状态监测与计算平台，整体从粗到细进行管控。

2.7.2　人机深度融合

近几年来，浙江大学周济院士团队提出了HCPS的相关概念[248]，指出在未来制造业中，人依旧是核心；机器是由人发明的，代替人完成一些简单的、可重复性强的工作，而一些灵活性的工作，仅通过机器之间协同的方式来完成反而会使成本大大增加。如果人与机器可以分工并进行有效的人机协作，将会促使制造业的运行效率明显提升。因此，当前智能化工作面的建设应更多地依靠人类积累的知识和经验，通过高度的人机协作来进行。在提高智能化装备研发力度的同时，还应该将人作为宝贵的资源，使人可以在先进技术的支持下进行有价值的、高效的工作，最终提高矿山企业的经济效益。

XR 技术是数字孪生[249]和 CPS[250]等技术重要的使能技术，包括 VR、AR 和 MR 等技术。近年来，众多学者利用 XR 技术取得了工作面系统的培训教学[251]、虚拟仿真、运行[252]、调试、规划[253]、监测、控制、辅助工作[254]等多方面成果，形成了智能综采工作面数字孪生系统架构[39]，基于数字孪生的工作面设计与运行模式[156]以及智慧信息物理系统和煤矿智能化巨系统[23]，有力推动了智能化工作面的建设。而当前这些技术局限于直接为智能化装备运行服务，忽略了 XR 技术本身的最大优点，即 VR 与 AR 是人与机器进行交流的接口，人可通过头盔和手柄沉浸在 VR 工作面环境中进行操作，也可以佩戴 HoloLens 等 AR 装备将附加的信息叠加到现实中看到的画面来增强信息，通过各种交互手段实现与机器的交互。

在当前智能化运行的模式下，产生了巡检人员、集控人员和维护人员等新工种。在工作面的系统和程序自动运行的基础上，由这些操作人员自主感知去完成操作，以保证装备在复杂环境下正常运行。因此，在智能化运行装备和技术的研发中，研究者应该更多考虑人的因素，更加面向人机[255]和人人协同关系[256]，研发以人为本的相关技术[257]，升级现有人机之间的关系[258]，更多考虑方便性、人机协作性、人机工程学、人人协同等方面。例如，中国煤炭科工集团提出的沉浸式操控台，可以提高调度中心人员的操作体验感，以及小松矿业提出的人员接近系统以及人员和工作面运行的人员融合定位系统，都是这一思想的体现，但总体来说还处于初级阶段。

当前井下开采场景追求智能化或无人化，以减轻工人作业负担，符合工业 4.0 追求黑灯工厂的理念。而工业 5.0 重点在于以人为本，综采工作面也应以人为中心，朝着更好的自主感知、决策和运行方向发展。在当前的智能化条件下，全方位全要素的工作面感知无法实现，细微工作面的运行情况需要由现场巡检人员判断，但人已经逐渐从操作者变为管理者，管理者可通过脑机接口，控制相关装备的运行。

未来信息物理系统驱动的综采工作面中，甚至是工业元宇宙驱动的综采工作面中，人与机深度融合，人更是处于核心地位，侧重的管理方式有以下三种：

(1) 通过 AR 实现虚实融合，让处于不同时空状态的专家、调度人员和巡检人员进入同一个虚拟工作面，以现场巡检人员的视角查看工作面，进而判断工作面未来的运行状态，实现远程互助。

(2)将巡检机器人、四足或六足自主运行机器人和无人机等作为操作人员的执行器，操作人员通过操控它们来控制相关装备运行以完成工作。

(3)利用虚拟人技术，针对某个矿工，构建三个高度信息化的与该矿工无缝衔接的虚拟矿工，分别对应工作面的不同岗位，真人管理虚拟矿工进行工作，提高工作效率。此种方式适用于高度智能化的状态。

2.7.3　闭环双向协同

数字孪生驱动实时监测：通过建立数字孪生与数据驱动模型，在虚拟环境下全面实时感知装备位姿和运行数据，融合虚拟仿真数据与实时运行信息，实现真实综采系统与虚拟系统同步运行，达到实时监测综采装备的目的。

虚实映射闭环协同：完成物理系统到虚拟系统的重构，虚拟决策并迭代优化出的最优策略转化为控制指令反向传输给物理系统。在采集的信息足够多、更新的频率足够大的情况下，形成闭环协同与虚实映射的效果。

虚拟决策与反向控制：在实时重构物理过程的基础上，虚拟模型解析出装备运行的位姿并达到最优位姿的动作时序，做出的虚拟决策转化为物理控制指令，并通过双向数据交互通道实现对真实物理过程实时精准的调控。

2.8　本章小结

虚实融合 1.0、虚实融合 2.0、虚实融合 3.0 和虚实融合 4.0 四个阶段是环环相扣的，前一个是后一个的基础，大部分研究都集中在虚实融合 1.0 发展阶段，也产生了较多的应用，发展较为成熟。关注虚实融合 2.0 的人较少，发展并不充分，相关的关键技术也没有大的突破。而数字孪生概念的急速出现，直接进入虚实融合 3.0 阶段，导致综采工作面存在较多的问题，现有的基础不足以支撑当前发展。这也为虚实融合 4.0 阶段的发展留下了隐患。因此，相关行业还是应该更加脚踏实地、沉下心来进行相关基础理论的研究，攻克相关的“卡脖子”关键技术，不能只注重表面和视觉方面。

接入数据进行在线系统设计时，首先要考虑各路径的“快”，即数据采集速度快、网络传输速度快、虚拟引擎运行速度快、计算预测决策快、虚拟指令转化为物理指令快、返回物理世界快以及物理世界执行快。随着 5G、区块链、大数据、云计算、虚拟引擎接口与运算等的发展，“快”这个问题会得以解决，以支撑虚实共融的目标。

解决“快”这个问题后就是解决“质量和可靠性”问题，即采集数据采得准、网络丢包少且结果可靠、虚拟引擎展示得准、计算预测决策准、转化为控制指令和物理世界执行准。此处包括更多的人工智能算法、大数据、虚拟推演等，需加大研发力度。

虚实融合的程度应该与物理世界的智能化程度相匹配，从手动截割、记忆截割、预测截割再到自主截割需配备完整的虚拟系统，为物理世界服务，具体步骤如下。

(1)广泛收集各式装备信息与人工作业经验，建立装备信息库与专家知识库，基于虚拟仿真技术，深入结合实际综采工况搭建虚拟仿真实验平台，使该平台能够实现在不同条件下、不同形式下、不同情景下综采过程的仿真实验与数据采集。

(2)基于现有研究成果提出多种采煤机截割路径预测规划模型，在此过程中将充分利用地质数据、煤机装备实时与历史监测数据、人工工作经验等信息，并且借助虚拟仿真实验平台对所提出的模型进行实验、分析与优化。

(3)基于数字孪生相关理论与技术将第(2)步所获得的较为优秀的模型在真实综采过程中再现，并反复进行实地实验与调试，最终实现智能化开采过程，达到降低手动干预率的技术指标。

第 3 章 面向“虚实融合 1.0～2.0”的数字化智能产品服务系统

3.1 引 言

虚实融合 1.0 阶段虚拟仿真主要应用于培训、教学和数字化设计。虚实融合 2.0 阶段是在虚实融合 1.0 阶段的基础上加入离线真实运行的数据，复现出真实综采工作面运行工况，从而对整个物理综采工作面进行无缝的、多样化的、参数化的虚拟规划，且能够和真实控制系统连接到一起，进行真实控制系统的半实物虚拟仿真与调试。因此，以虚实融合 1.0 阶段的数字化设计为基础，添加部分虚实融合 2.0 阶段中的规划、仿真、调试等特征，就形成了数字化智能产品服务系统。

由于综采装备产品和服务不再满足未来发展的需求，而煤炭开采行业具有高安全性和操作风险，因此在不改变传统运营模式的前提下，矿业需要将产品服务系统(PSS)与数字化进行深度融合，以促进行业转型和安全高效生产。为此，本章提出了一个煤炭开采行业的智能产品服务系统，称为 MSPSS，它由智能产品子系统、利益相关者、智能服务子系统和智能决策子系统组成。智能产品子系统分三个阶段输出可靠的数字产品，即数字化设计、虚拟仿真和规划以及虚拟调试。智能服务子系统由数据和数字化技术驱动，为复杂的煤矿装备运行提供故障诊断和在线维护服务。三系统共同工作，为综采工作面产品和服务综合性解决方案提供了基础支撑。

3.2 MSPSS 总体框架

3.2.1 煤炭开采行业产品服务系统应用问题调查

从生产型制造业向服务型制造业的转变是一种不可逆转的趋势。如今，客户已不再满足于获得通用型装备或单一的服务，而是期望有一个产品和服务的整体解决方案[259]。产品设计需要更加灵活与准确，进而顺应和支持服务型制造。产品服务系统理念[260]的提出正好适应了这种战略的转变。在产品全生命周期服务内形成了产品与服务高度集成的生产系统[261]，且产品和服务的集成方式也变得更加数字化、智能化和互联化。智能产品服务系统的概念与软件随之出现，它可以解决产品和服务集成从物理维度到信息维度的各种相关问题，加速提供集成的产品和服务，进而创造新的价值[262,263]。

数字化技术是构建智能产品服务系统的关键[264,265]。智能制造中使用的典型数字化技术包括智能设计、产品数据管理、生命周期设计和虚拟设计。3D 可视化可用于开发从工业生产的装备的运行状态到工作条件的监控，再到产品装配和调试的产品与服务的集成制造解决方案。智能产品服务系统可以解决制造业中的许多问题[266,267]，如项目需求不精确、容错能力低、需要所有利益相关者参与整个过程等。

行为的后果和危害程度可能不同[268]，但煤炭开采行业和制造业存在相似的问题，其显著特点如下：

(1) 项目使用场景和环境不明确。虽然项目需求是明确的，但制造商可能不知道使用场景。现有的探测技术不能充分确定工作面生产环境的地下地质条件，因此利益相关者只能依靠类似的经验来评估一个未知的环境。该环境存在多种危险因素，如水、气和火。同时，褶皱、断层等地质构造也会对产品的使用产生很大的影响，进而导致服务过程的不确定性。

(2) 项目不允许失败。制造业的容错率低，出现加工错误会损失金钱和时间，但只要遵循安全协议，高伤亡是可以避免的。工作面生产操作工人和服务人员在最小深度为数百米的地下环境中工作，空间狭小，劳动强度大，人员众多，一个错误的项目设计可能会造成许多伤亡，除了金钱损失和时间损失，还会造成更严重的后果。尽管安全规程和监测方法不断改进，但煤矿事故发生仍相对频繁，有时会造成重大伤亡。根据一项调查，25%的矿难是由不可靠的煤矿装备品或服务造成的[269]。因此，煤炭开采行业应该接受更严格的监督，遵循更严密的安全协议，从而避免项目失败。

(3) 设计全程多主体参与，任务耦合性强。制造业由许多生产机械、电力、通信装备和自动化装备的公司组成。装备设计、调试和运行在一个安全开放的环境中进行。整个设计和生产过程非常复杂，但许多先进的方法仍可用，如摄像头、GPS 和通信网络等。地下工作面生产作业涉及众多利益相关者，存在强任务耦合性和环境不确定性。

操作人员在空间狭小的地下环境中作业，合理的设计非常重要，具体表现为：

(1) 传感器，必须配备一个特殊设计的又大又重的防爆外壳。

(2)许多利益相关者指派几名员工在地下工作，进行长期项目维护，空间狭小难以提供和维持服务。

(3)地下环境中的通信具有挑战性，先进的传感装备(如 GPS)无法在地下使用。大煤块可能掉落并损坏装备，从而造成与产品和服务相关的问题。

矿山生产涉及装备、人员和相关服务，综采装备及其配套服务必须可靠。由多个利益相关者选择的装备用于深井的小型工作空间并提供各种服务，未知的情况会导致服务的不便和困难，在高压条件下容易发生各种事故和人员伤亡。项目失败的原因包括井下作业装备不当、装备操作不当、缺乏各类专业服务、产品与服务脱节等[270]。

煤炭开采行业的产品和服务需要升级。产品和服务需要整合并转化为产品服务系统，以节省成本并减轻服务转化的负担。煤炭开采行业的生产过程包括资源开发、使用和服务。因此，迫切需要分析矿业产品与服务整合的主导因素和整合程度，以确定如何低成本、高速度地建立产品服务系统，满足客户需求，确保生产安全。以综采工作面为例，需要分析传统产品设计操作的细节。

3.2.2　煤炭开采行业传统产品设计与服务的特点及分析

综采工作面通常位于几百米到几千米的深处，其生产场景如图 3-1 所示。煤层位于岩层中，分布不均匀。采矿工作是在狭窄有限的空间内进行的，火灾和水灾等自然灾害时有发生。

(a) 采矿业产品-采矿设备

(b) 传统采矿服务-手动井下维护

图 3-1　综采工作面生产场景

传统的综采工作面设计包括四个步骤，即产品选择、地面调试、地下测试和地下生产。每个阶段都需要用户、综采装备制造商和相关人员共同参与。每个阶段的工作特点如下：

(1)产品选择阶段。用户根据经验选择产品。在确定装备型号后，用户将要求装备制造商、自动化企业和其他利益相关者提供装备、产品和支持服务，但所选产品可能与复杂的地下开采条件不匹配，操作可能比较复杂。因此，产品选择对于确定合适的产品或型号以及相关服务至关重要。当前的方法主要基于经验，因此可能不会产生非常好的效果，或者导致不合适的产品选择、操作和服务。

(2) 地面调试阶段。选择产品后，用户购买装备并评估其性能，以避免井下作业过程中发生事故和故障。这些挑战包括复杂的地下条件、通信不畅和煤层的波动。因此，地上和地下操作装备的地面调试可能存在很大差异。如果所选产品不合适，则用户可能无法退货。

(3) 地下测试阶段。地面调试结束后，将产品运至地下环境进行安装调试。产品的机械、电气、通信和其他部件可能会出现各种问题。地下存在的问题比地上复杂得多。此阶段的失败会使服务实施变得困难。

(4) 地下生产阶段。地下测试结束后，所有产品都准备好进行地下生产，服务工程师对产品进行服务和维护。工作面生产环境恶劣，需要高质量的服务。服务不当可能会导致产品停机或系统故障。生产任务可能会被推迟，造成人力和物力的浪费。在地下作业期间，操作人员的安全是至关重要的。

因此，煤炭开采行业的产品和服务是高度耦合的，必须符合安全协议。在这种情况下，矿山企业需要参与整个设计和生产过程，与包括综采装备制造商和自动化公司在内的利益相关者一起为适合位于数百米至数千米深处的工作场所的产品和服务制定全面的解决方案。通常，一个工作面生产项目从设计、建设、生产到运营至少需要 2.5 年的时间，既费时又危险，并且还有许多耦合任务。因此，传统的产品和服务并不总能满足用户的需求。

3.2.3 煤炭开采行业构建产品服务系统的挑战

煤炭开采行业构建产品服务系统的相关挑战如下。

1) 产品挑战

使用传统的设计方法出现的问题产品可能会导致系统不可逆转的损坏或伤害。因此，迫切需要开发一种新的产品设计环境。利用数字化技术可以创建具有高仿真精度的数字场景，并且可以设计各种数字产品。在产品选择阶段、地面调试阶段和地下测试阶段，产品可以迭代优化，直到获得最佳性能。数字产品可以指导实体产品的运营。因此，数字环境下的产品迭代优化设计非常适合高风险的煤炭开采行业。

2) 服务挑战

煤炭开采行业的服务是在整个生命周期中提供的。在产品设计阶段，运维方案可以同步运行，为最优的数字解决方案提供服务。在地下生产阶段，应提供全面的数字化服务方案，收集实时运营数据，并随着开采进度不断更新服务，包括虚拟现实映射、大数据分析、预测性维护、故障诊断和虚拟维护。完善的服务设计能够提供更好的产品性能。

作为一项核心技术，数字化技术可以提高采矿行业的运营效率和安全性，降低成本[271,272]。最近的一项研究表明，到2025年，数字化有可能为煤炭开采行业、社会和环境带来高达4250亿美元的价值[273]。

煤矿生产场景使用数字化技术创建与物理世界相同的虚拟环境，以改进决策并创建数字产品服务系统解决方案。这项技术在项目的整个生命周期中至关重要。利益相关者提供产品和服务。作为一个智能产品服务包，智能产品服务系统由三部分组成，即利益相关者、智能产品子系统和智能服务子系统[274]，三要素高度一致。因此，有必要为煤炭开采行业开发智能产品服务系统，以提高项目的关键绩效指标(key performance indicator, KPI)(主要是时间、质量和成本)。

3.2.4　MSPSS总体框架设计

作者团队基于对煤炭开采数字化技术的广泛研究，为煤炭开采的整个生命周期建立了集成的数字解决方案，提出了一种适用于煤炭开采的智能产品服务系统，即综采装备智能产品服务系统MSPSS。该系统利用数字化设计环境，为智能产品和服务提供综合数字解决方案。作为一个以用户为中心的系统，MSPSS包括智能产品子系统、利益相关者、智能服务子系统和智能决策子系统，集成了人、智能产品、智能服务和智能决策(图3-2)。

利益相关者包括综采装备制造商、煤炭生产商和自动化设计产业。在MSPSS中，煤炭生产商根据地质特征和地下条件选择装备，这些信息被传递给利益相关者，利益相关者为用户提供数字产品和服务集成的综合解决方案。

作为连接利益相关者和智能服务子系统的桥梁，智能产品子系统对综采装备传感器进行信息的智能感知、智能分析和决策制定、智能控制和智能交互。该子系统基于获取的数据创建综采装备的数字化设计，并执行自动匹配和选择、快速原型制作、产品制造以及虚拟和实时调试。最后，可获得一个全面的产品解决方案，包括数字装备、集中控制平台、传感器、软件、硬件和数据服务。

智能服务子系统是智能产品子系统的增值部分，为综采装备的整个生命周期设计提供服务。它由用户服务平台、远程管理平台、智能运营控制平台和售后服务平台组成。利益相关者使用用户服务平台来帮助用户理解系统的使用方

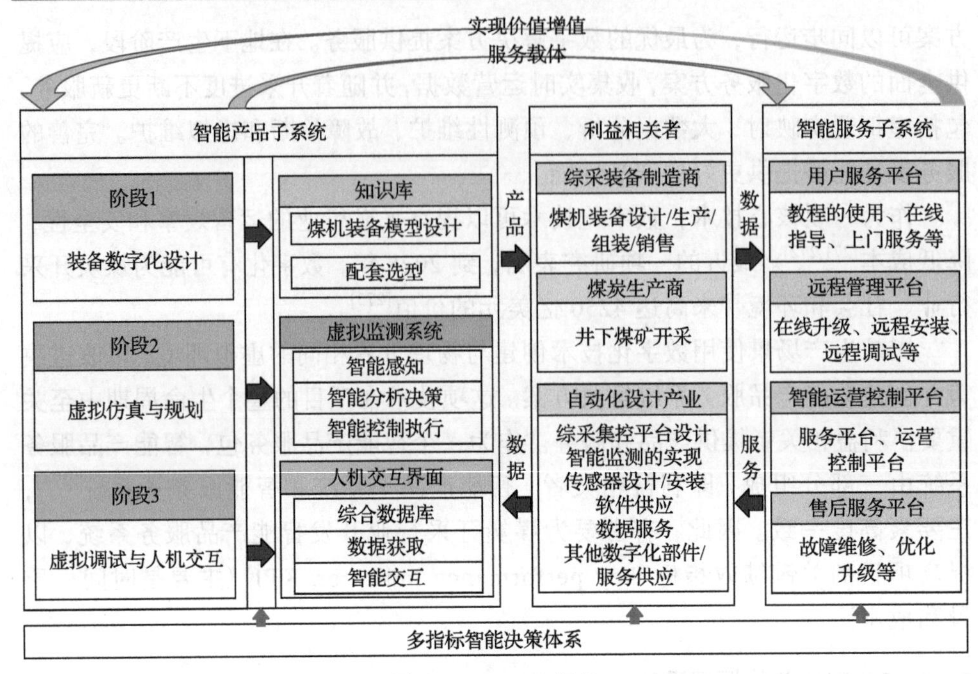

图 3-2　MSPSS 框架

法，利用远程管理平台和售后服务平台来实现智能产品子系统的升级和优化，以预测系统的健康状态。MSPSS 实施后，使用智能数字演示服务改进智能操作和维护服务。

智能决策子系统是 MSPSS 的分析和决策中心，它负责为装备设计、操作和维护、调度和系统服务提供决策支持。

所有利益相关者无缝协作地参与设计过程，在智能决策子系统和智能服务子系统的帮助下，为整个过程提供决策支持。智能服务子系统对数字化设计、虚拟仿真与规划、虚拟调试三个设计阶段进行迭代优化，以获得数字空间中的最优解。该结果可用于指导物理器件的设计、调试和运行，以提高设计质量。然后，实物产品会被投入运营。此时，智能产品子系统停止工作，智能服务子系统开始独立工作。需要强调的是，从设计到生产，智能服务子系统始终实时提供高质量的服务。在这个系统中，智能服务和产品密不可分，产品和服务相辅相成。这种方法为智能服务和产品提供了一个全面的数字化解决方案。

此外，还建立了两个关键支撑系统，即智能产品服务系统的决策系统和智能生产系统，同时也分析了建立装备全生命周期智能服务体系所需的关键技术。

3.3　智能决策子系统构建关键技术

利益相关者是 MSPSS 中的决策者。本节将虚拟现实与层次分析法相结合，建立一个多指标智能决策子系统[275]。这种方法避免了传统单一指标决策方法的局限性，消除了主观假设。

3.3.1　基于层次分析法的装备选型

层次分析法是一种集定量分析和定性分析为一体的多目标决策分析方法[276,277]。这种方法考虑了决策者对决策过程的理解，比一般的定量方法更多地基于定性分析和判断[278]。由于诸多因素限制，在选择综采装备产品时需要多目标决策。因此，在 MSPSS 中引入层次分析法，建立了适应能力评价体系，用于选择决策[279]。

MSPSS 根据利益相关者对煤机装备的选择需要对煤炭机械装备进行调整。这里以工作面关键装备的选择为例进行决策分析。首先以煤矿开采条件和环境特点为目标层选型关键装备，即以液压支架、采煤机、刮板输送机的选型为决策目标 D；其次根据煤机装备所要满足的生产条件，如产量、采高、结构设计等要求，确定装备选型的准则层 Q；然后根据工作面生产空间内装备运行的相关约束条件，确定约束条件为决策过程的指标层 V；最后结合不同指标的装备选型方案得到决策层 M。

采用统一矩阵法分析各层次因素的权重并建立评价矩阵 $A\left[a_{ij}\right]$。该方法可以比较具有不同性质的各种因素，以提高精度。之后建立层级关系，将同一层级的指标根据其相对重要性进行排序，以确定决策层级实现总体目标的相对优劣势(图 3-3)。

3.3.2　基于虚拟现实的智能决策流程

决策过程如图3-4 所示。根据煤矿公司的要求，建立综采装备和部件的参数化模型；利用煤层地质信息和预测算法、信息传感、虚实交互等关键技术，建立虚拟调试平台。虚拟场景中可以使用虚拟头盔、数据手套等虚拟交互工具进行探索，使利益相关者能够在 VR 环境中观察综采装备的运行情况。

同时，使人工智能算法得到的决策结果能够可视化。通过使用虚拟环境来评估系统的结果，从而做出全面的决策。

利益相关者使用虚拟环境对系统结果进行评估以做出综合决策，包括工作

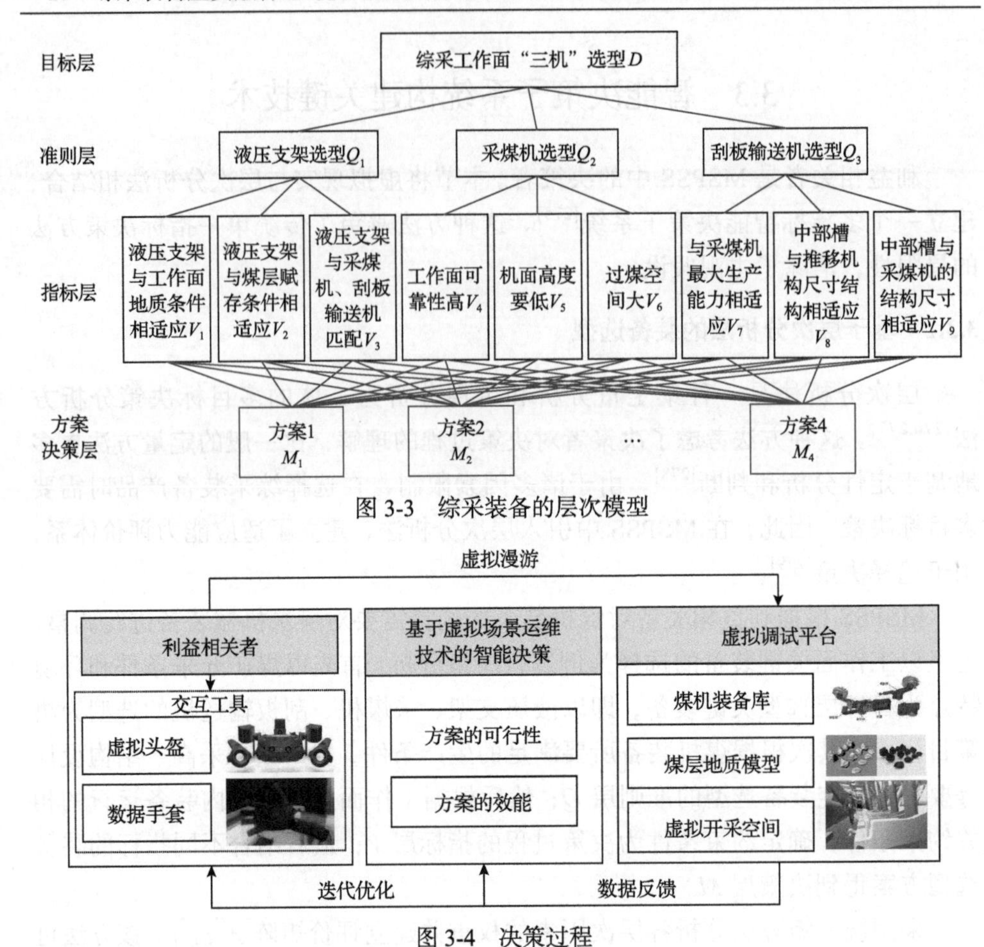

图 3-3 综采装备的层次模型

图 3-4 决策过程

面生产工人在内的利益相关者可以根据他们的经验把在地下环境中的生产作业可视化并评估产品和服务，从而提高决策的可靠性。因此，他们可以评估该方案的可行性和效率，如果观察到错误或设计参数不正确，可以对现有的产品设计方案进行快速更改，以确保高效率。

3.4 智能产品子系统构建关键技术

智能产品子系统由相关的数字化技术支持，如智能感知、智能分析和决策、智能控制执行和智能交互技术。利益相关者利用各种软件平台（Unity3D、OSG 和 WebGL）和综采装备的虚拟集成设计进行数字化设计、虚拟规划和虚拟调试，能够获得考虑了人/装备/环境的数字化选择方案、配套工艺方案和综合开采作业方案，为用户提供最佳的数字化产品解决方案。基于获得的最优产品解决方案，利益相关者签署订单并完成物理产品的设计(图3-5)。

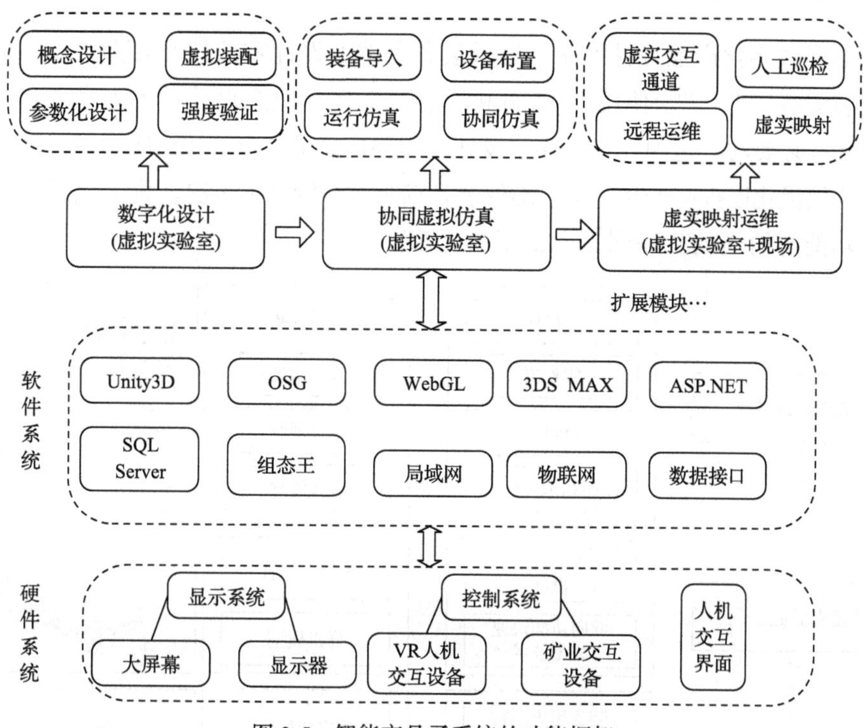

图3-5　智能产品子系统的功能框架

智能产品子系统的设计包括以下三个步骤。

(1)装备数字化设计。综采装备制造商对综采装备进行全生命周期设计以及灵活准确的需求分析，并创建数字化设计，包括装备和产品部件的概念选择、参数化设计、虚拟装配和CAE分析。该步骤实现了产品的数字化交付，并且对应于传统设计方法的第一阶段。

(2)虚拟模拟与规划。基于第一阶段设计的数字装备，综采装备制造商对工作面进行规划和布局并进行模拟，验证装备参数，从而形成成熟的方案。该步骤对应于传统设计方法的第二阶段(地面调试阶段)。

(3)虚拟调试和人机交互。在地面调试结果的基础上，装备制造商、煤炭生产商、自动化企业和其他利益相关方合作，对数字化井下工作环境中的人、机、环境交互进行集中控制调试、虚拟调试和评估。

如果上述三个步骤中的任何一步的虚拟设计、模拟和调试未达到要求，可以重复这三个步骤中的任意一步，如可以从步骤(3)返回到步骤(1)和(2)，或从步骤(2)返回到步骤(1)。该操作迭代运行，直至找到最优的乘积解。

3.4.1 数字化装备设计

根据数字化产品设计要求，综采装备制造商设计零部件及其参数，并评估虚拟装配等工艺[280]。使用 CAE 分析平台辅助完成概念设计、快速原型和制造是非常有必要的。这种方法指导了设计过程并建立了复杂的知识库和模型库[280]，进行迭代优化以提高产品质量，确保装备满足复杂的井下工况。数字化设计平台相关功能与协同的互联网平台如图 3-6 所示。

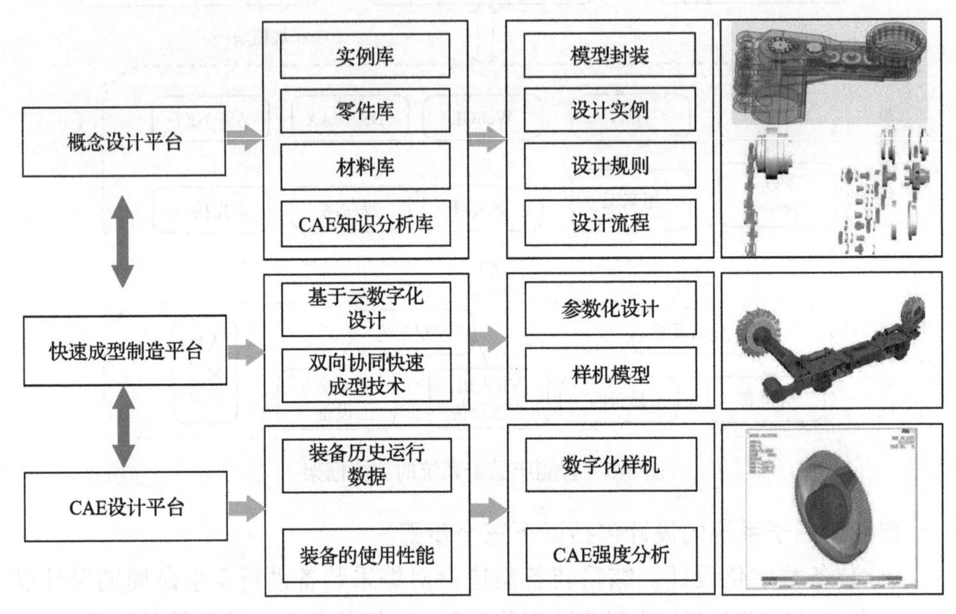

图 3-6 数字化设计平台相关功能与协同的互联网平台

数字化设计平台包括概念设计平台、快速成型制造平台和 CAE 设计平台，具体如下。

(1) 概念设计平台：基于已建立的装备产品知识库，包括实例库、零件库、材料库和 CAE 知识分析库，采用混合知识表示模型定义设计实例、设计规则和设计流程，管理综采装备产品的设计知识并进行设计选型。

(2) 快速成型制造平台：该平台基于云数字化设计和双向协同快速成型技术，根据选型结果，完成单机和各零部件的参数化设计，开发出装备样机。若需要修改结果，则可以快速更改相关参数。

(3) CAE 设计平台：该平台基于工业应用，根据井下装备的长期使用情况和数据，在搭建的数字化样机上完成对设计结果的 CAE 强度分析。

3.4.2　虚拟综采工作面搭建

各综采装备制造商将其数字化产品提供给煤炭生产商后，将它们集成在一起，以创建具有高仿真精度的虚拟工作面生产环境。

首先将综采装备(如采煤机、刮板输送机和液压支架)的尺寸、性能、动态操作和其他参数输入到模拟程序中[281]；然后为每个数字化模型添加脚本，以获得逼真的运动模拟，同时添加采矿过程的脚本，以模拟复杂综采装备的操作。此外，整合地下环境与人交互的关键位置，打造沉浸式环境，实现人、机、环境的协同，如图3-7所示。

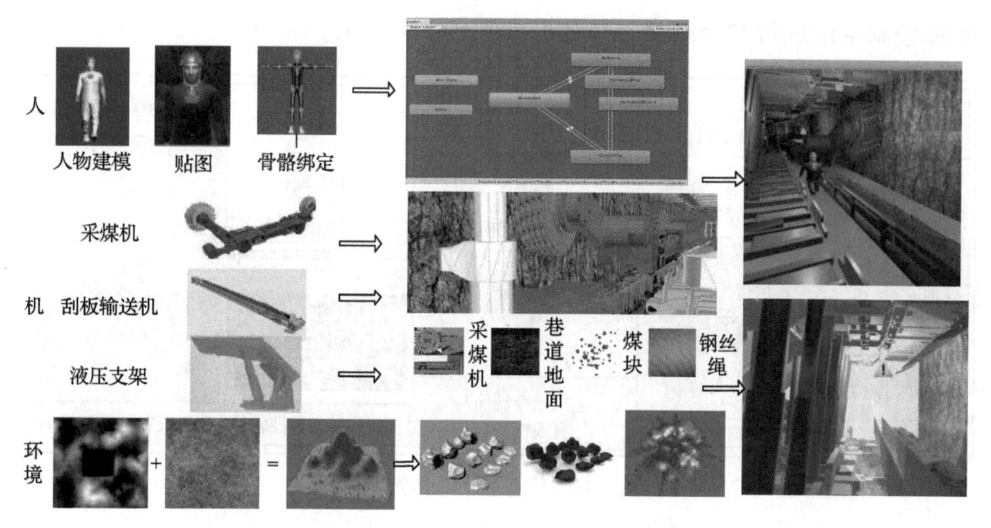

图3-7　“人”“机”“环”集成的虚拟仿真环境

用户可以通过系统查看装备模拟报警提示与装备功能介绍，漫游整个综采工作面查看装备运行情况，充分了解整个工作面中所有装备及环境的真实状况，达到清晰监测、高效学习、实时分析的目的，使设计人员快速了解装备使用、维护以及监测的主要问题。

3.4.3　虚拟井下调试

在完成地面调试以后，按传统方式进行井下安装调试，此时物理装备不可修改。但是，地面调试结果可能并不适用于井下环境。在信息传输中断、传感器故障、装备安置无序等复杂井下工况下，装备运行、硬件在环仿真、控制方案确定等都需要进行联调。因此，地下环境中的虚拟调试至关重要。

虚拟调试的概念是通过把虚拟世界的工作面“人”“机”“环”模型和物理

世界的真实控制装备进行连接，实现对复杂生产系统的功能测试。物理装备就是生产现场的煤机装备，这些装备协同工作，共同完成相关工艺过程；虚拟模型通过数字化技术建立完全一致的、可以完全映射真实的工作场景，执行设置好的程序，实现虚拟的动作和现实的动作完全一致。

虚拟模拟技术用于模拟各种地下条件。装备设计完成后，需要进行虚实交互运维研究，必须解决的问题包括实时交互通道设计、虚拟环境和实际环境之间的通道设计、协同操作和控制系统的实现等[282]。使用真实的控制程序和硬件进行操作，虚拟场景与实际操作场景一致。与地下信息的感知、传输和控制相关的问题可以在模拟中解决，可以模拟典型故障，通过沉浸式交互对产品和整体控制系统进行综合测试。总体框架如图 3-8 所示。

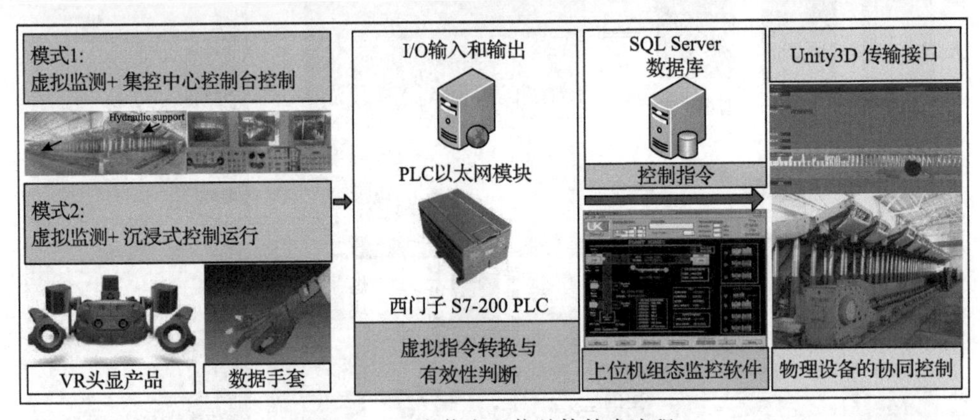

图 3-8　双向信息通信总体技术流程

1) 虚实交互通道设计

首先，需要在虚拟世界和物理世界之间建立稳定可靠的信息通道，实现实时双向通信。虚实传输途径如图 3-9 所示。

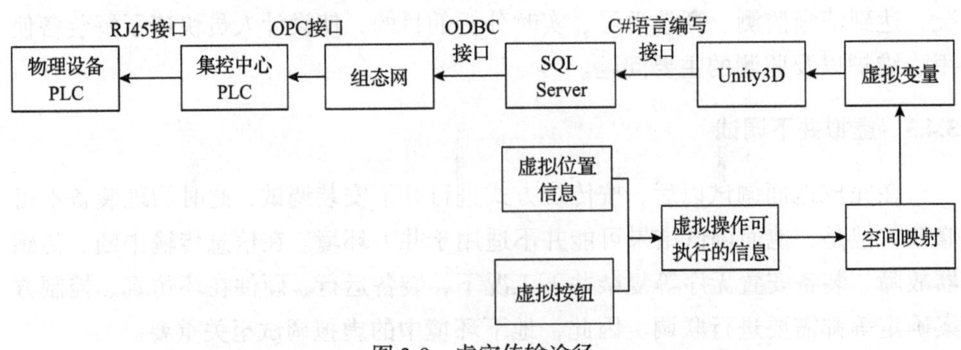

图 3-9　虚实传输途径

建立虚实通道，实现煤机装备在线虚拟运行。将操作人员的虚拟人机界面转化为PLC控制指令的过程如下。

(1)交互操作使用Unity3D软件进行，装备对应的虚拟变量通过C#语言编写的界面和SQL Server软件输入。

(2)组态网通过对象链接与嵌入的过程控制(OLE for process control, OPC)接口连接到中控室的PLC,并传输到PLC控制系统。该方法可以保证装备正常运行。

2)虚拟监测+手动控制台干预

使用Unity3D软件环境下的NGUI模块创建虚拟人机交互界面，包括采煤机和液压支架的远程操作面板。

3)虚拟调试井下工况设计

虚拟调试时，将真实的控制程序和人工操作相互连接，控制数字化装备在数字井下环境中的实时运行。这必须考虑复杂的地质、装备故障和常见的工程问题,然后进行分析以确定合理的方案。通过联调发现挖掘过程中的潜在问题,从而进行数字空间虚拟调试和地下实际调试。

3.5 智能服务子系统构建关键技术

智能产品子系统与智能服务子系统协同工作，在购入最优设计的物理装备并完成地面和地下调试后开始生产。此时智能产品子系统停止工作，智能服务子系统开始独立运行。

MSPSS在综采装备的生命周期中是动态且复杂的。因此，智能服务子系统的行为必须从被动发现问题转变为主动解决问题，以满足用户需求，提供精准服务。需要建立用户服务平台、远程管理平台、智能平台、售后服务平台，从而完成指导系统使用，进行远程操作、维护、故障监测维护、系统升级等服务。下面讨论构建智能服务子系统所需的关键技术。

3.5.1 服务系统的需求分析模型

根据利益相关者的需求，采用3.4节中描述的决策机制选择模拟工作面三台机器运行的模型。调用模型库，根据煤层信息创建虚拟煤层，建立“三机”虚拟运行场景。虚拟场景高度依赖于装备数据，需要及时可靠地识别综采装备运行过程中的状态信息，并对信息进行处理。因此，在复杂的操作环境中，开发综采装备的动态模型对于建立动态获取数据的智能服务子系统是至关重要的。

状态信息识别模型是获取服务需求信息的基础，动态演绎模型为服务提供可靠的数据。状态信息标识不仅可以识别工作面推进过程中的故障和正常运行信息，还可以预测事故。使用大数据分析方法来分析综采装备在操作期间的历史状态信息，然后提取关键信息以获得识别模型的知识。可以使用长短期记忆(long short-term memory, LSTM)网络推断和排除装备故障或事故，若检测到故障，则根据工程师的采矿经验实施对策。将流程参数化并嵌入服务系统底层，可以为后续挖掘中的类似问题提供参考。通过提取在虚拟环境中操作的装备的姿态信息，利用时空运动学建立装备的姿态变化和状态变化之间的关联模型。同时需要考虑到常见的采矿事故、复杂的地质和其他条件，以此来建立装备的运行模型。根据历史数据预测了装备的运行状态之后，更新预测结果，以反映综采装备的状态。

基于数据驱动的服务系统需求获取与分析模型如图3-10所示。综采装备的运行状态信息为整个过程提供数据支持，状态信息识别模型提供了一个分析平台，动态推演模型描述了系统的时空参数。在数据处理之后，建立用于识别、预测和分析的识别模型，并且存储状态信息。利益相关者可以在装备虚拟调试和虚拟运行后，根据虚拟开采效益、生产效率、开采灵活性等生产指标，确定

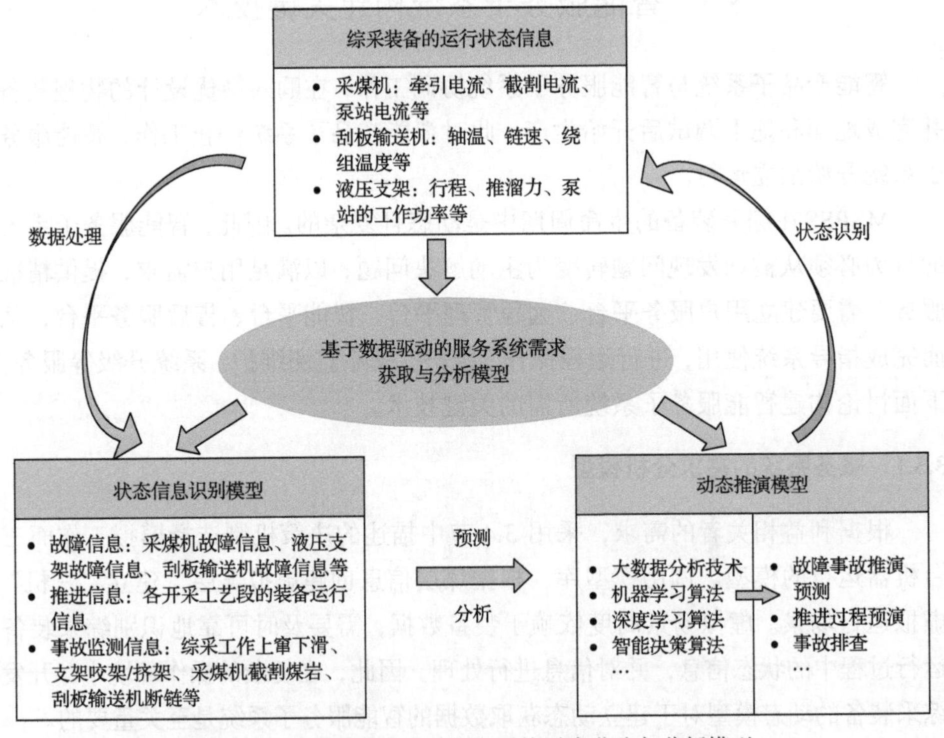

图 3-10　基于数据驱动的服务系统需求获取与分析模型

所选模型是否满足要求。同样，利益相关者也可以粗略预测潜在的事故，并根据状态变化确定采矿过程是否顺利进行，以实施对策。

3.5.2　面向服务的虚拟仿真场景的建立

如图 3-11 所示，面向服务的虚拟仿真场景的建立决定了 MSPSS 的可靠性，其建立由软件和硬件环境支持。综采装备模型库和动态煤层构建技术为场景知识模型的自适应协同推广提供了支撑，场景漫游为利益相关者提供了解决方案。

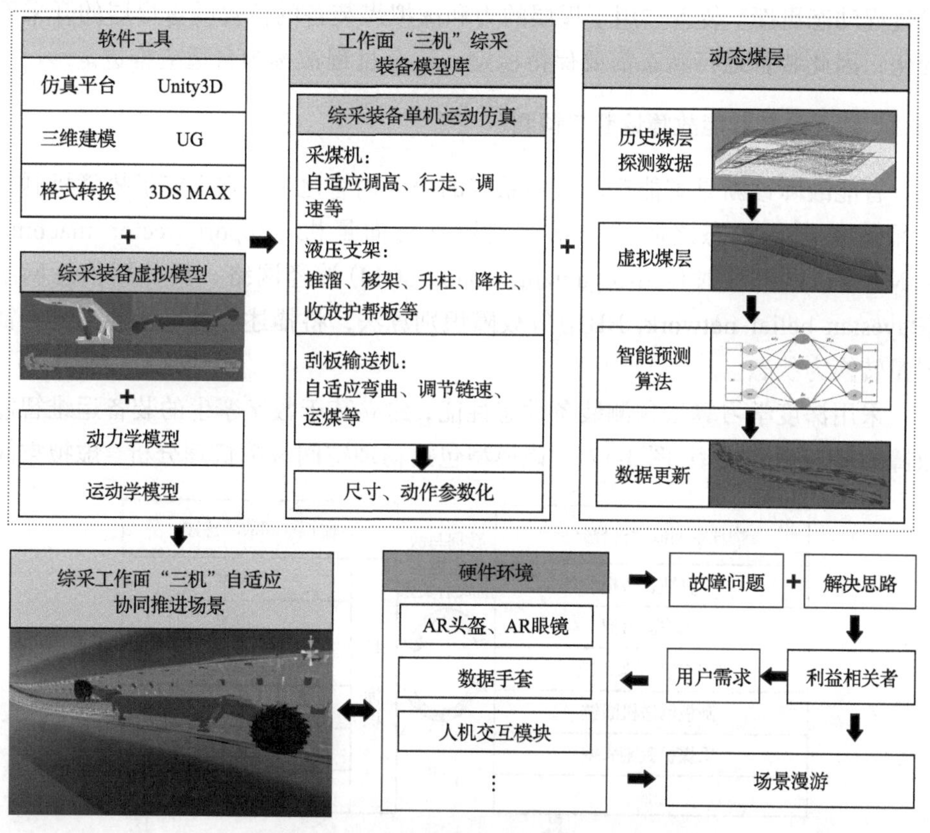

图 3-11　面向服务的虚拟仿真场景建立过程

首先，将 Unity3D 软件作为虚拟仿真平台，UG 软件作为三维建模软件平台，3DS MAX 软件作为中间平台进行格式转换。根据运动学和动力学信息建立综采装备的虚拟仿真模型，实现液压支架运动、升降立柱、收放护帮板、自适应行走、切割和采煤机调速，操作刮板输送机和煤炭运输等动作，并将综采装备参数化，建立煤炭机械装备模型库。

其次，利用历史数据提取煤层信息，用于智能预测算法创建虚拟煤层。基于虚拟煤层，综采装备运动仿真技术，协调装备工块的移动，以确保工作面的三台机器在虚拟煤层上协同并进。

根据用户的需要，调用三台机器的型号。AR/VR 装备，如 AR 头盔或眼镜、数据手套、人机交互模块等装备，为用户提供身临其境的场景，以便用户检测装备的故障。用户提交故障问题后，系统可以根据视觉场景和历史数据制订解决方案。

最后，在虚拟煤层和装备上安装物理引擎，虚拟煤层随着虚拟采煤机的采煤过程动态更新。装备作用于煤层的力和虚拟煤装备的位置随着煤层的开采而变化，因此装备运行状态需要保持稳定。这个过程被称为自适应推进。

3.5.3 综采装备智能故障诊断与预测

智能故障诊断是智能产品服务系统的服务内容之一。它决定了故障机制与综采装备运行状态之间的关系，利用支持向量机(support vector machine, SVM)、自组织映射(self-organizing map, SOM)神经网络、贝叶斯信念网络(Bayesian belief network, BBN)等故障识别算法，将描述装备操作的高维特征向量转换为状态。

采用深度学习算法预测装备动态性能，建立基于数字孪生的装备运维智能故障诊断与预测模型(图 3-12)。该模型包括物理空间故障机理分析、虚拟空间

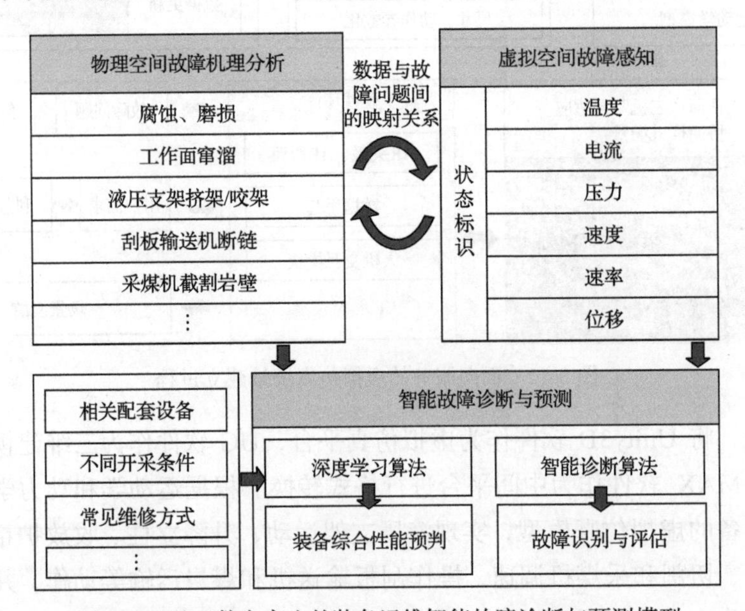

图 3-12　基于数字孪生的装备运维智能故障诊断与预测模型

故障感知、智能故障诊断与预测，为智能服务子系统的规划、决策和协调提供理论指导。对于检测装备运行状态，需要进行物理空间故障机理分析。虚拟空间故障感知是装备虚拟操作和维护参数化的关键。在决策过程中，需要进行智能的诊断和预测。

基于历史状态信息，在装备故障数据与装备模型之间建立耦合机制及虚拟仿真系统，并建立虚拟运行状态数据与实际开采过程数据的映射关系。然后使用智能诊断算法识别虚拟空间中的实时运行状态，分析综采装备的使用可靠性，并考虑不同的采矿条件、常见的维护方法等因素，使用多维、多目标模型预测装备的运行性能。

3.5.4　在线预维护

数字孪生技术强调虚实融合、虚实交互、强可视化、高沉浸感，将该技术应用于本服务系统可保证用户决策的准确性、未来生产的安全性。而井下环境复杂多变，当发生故障时只能凭借工人经验进行维修甚至无法维修，这会影响开采效率。因此，本系统采用基于数字孪生技术的智能服务系统在线预维护技术(框架如图 3-13 所示)，可以最大限度解决以上问题。

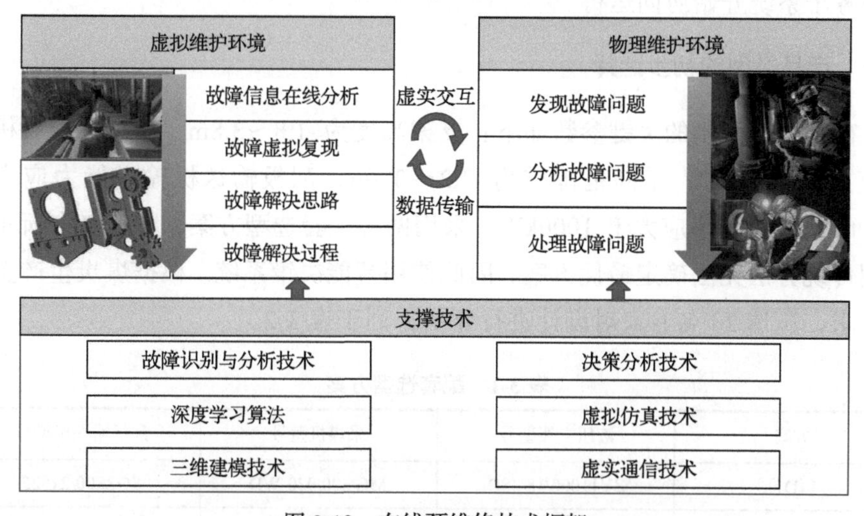

图 3-13　在线预维修技术框架

在 Unity3D 软件中建立一个高度可靠的虚拟仿真模型，用于沉浸式服务的 VR 头盔、数据手套和其他 VR 装备以实现准确的决策。维护和故障信息数据主要用于决策和在线维护，这使系统能够自动处理复杂任务和分析故障。该系统还可以提供维护建议和维护过程的可视化。虚拟维护环境与物理维护环境映射关系的准确性是实现该技术的关键，而在线维护的可靠实现需要支撑技术。

虚拟系统包括虚拟监控系统和虚拟维护系统。虚拟监控系统是对真实物理过程的虚拟重构。虚拟维护系统是由实时虚拟监控系统的场景扩展而来的并行系统，它支持虚拟维护过程，可以以百倍的速度快速模拟维修过程，确定所有可行的维修路径和方法，并对方法进行评估，选择最佳的维护策略来指导物理维护过程。

3.6 原型系统开发与实验

本节通过一个案例研究来评估提出的 MSPSS。采用传统方法和 MSPSS 同步分析具有相似地质条件的两个工作面。地质条件如下：煤层 11 含矸石 3～4 层；屋面以泥岩和粉砂岩为主，底板以铝质泥岩和泥岩为主；煤层 11 的厚度变化规律，煤层结构简单；煤层倾角为 1°～8°；工作面采高 2.9～3.7m；年生产能力 200 万 t。将需求输入 MSPSS，智能决策子系统、智能产品子系统、智能服务子系统开始协同运行。

3.6.1 产品类型的初步选择

矿山公司提供的关键参数如下：支架高度为 1.8～3.8m，采煤机总装机功率应大于 808kW，采高范围应为 2.2～3.7m，刮板输送机输送能力应大于 1300t/h，装机功率应大于 1000kW。采用两种配套选型方案，如表 3-1 所示。采用传统方法无法确定最优方案，因此使用智能决策系统。根据煤炭生产企业的要求，邀请 20 名专家对设计进行评估，列于表 3-2。

表 3-1 配套选型方案

方案	液压支架型号	采煤机型号	刮板输送机型号
1 (D1)	ZY11000/18/38D	MG 400/920-WD	SGZ800/2x525
2 (D2)	ZY10800/18/38D	MG 400/920-WD	SGZ900/2x525

表 3-2 判断矩阵

方案	P1		P2		P3	
	D1	D2	D1	D2	D1	D2
D1	1	5	1	3	1	7
D2	1/5	1	1/3	1	1/7	1

续表

方案	P4		P5		P6	
	D1	D2	D1	D2	D1	D2
D1	1	3	1	1	1	1
D2	1/3	1	1	1	1	1
方案	P7		P8		P9	
	D1	D2	D1	D2	D1	D2
D1	1	7	1	8	1	5
D2	1/7	1	1/8	1	1/5	1

得到 9 个指标的相对权重以及单一标准下两种配套设计方案的权重，如表 3-3 所示。

表 3-3　权重及一致性检验结果

方案和权重	单一标准下两种配套设计方案的权重									一致性检验结果
	P1	P2	P3	P4	P5	P6	P7	P8	P9	
D1	0.833	0.750	0.875	0.750	0.500	0.500	0.875	0.889	0.833	CR=0<0.1 判断矩阵的一致性可以接受
D2	0.167	0.250	0.125	0.250	0.500	0.500	0.125	0.111	0.167	
指标相对权重	0.251	0.172	0.114	0.125	0.075	0.045	0.105	0.051	0.062	

D1 和 D2 在决策层的排序结果分别为 0.7797 和 0.2203，因此方案 D1 是最优的并且代表初始选择。该模型表明设计过程中遇到的问题可以通过决策来解决。

3.6.2　数字产品的评价

根据智能决策子系统选择的产品类型，利用智能产品子系统设计过程的三个阶段实时进行数字化设计测试，即综采装备数字化设计、综采装备虚拟仿真和综采装备虚实映射。虚实交互是整个研究过程的一部分。通过分析 MSPSS 的结果(图 3-14)得到最佳数字产品。

在综采装备数字化设计阶段，创建产品和组件的数字化设计。使用 WebGL 软件建立参数化模型，改进传感器控制系统。采煤机的机械、电气、液压等部件采用网络协同模块进行实时协同设计，输出数字化产品。

在综采装备虚拟仿真阶段，将装备的数字模型导入Unity3D 软件。利用底层关键参数的各种挖掘模型，在不同条件下进行虚拟模拟，并实时记录数据。该程序模拟了采煤机的不同切割环境、装备操作以及发生地下火灾时的响应。

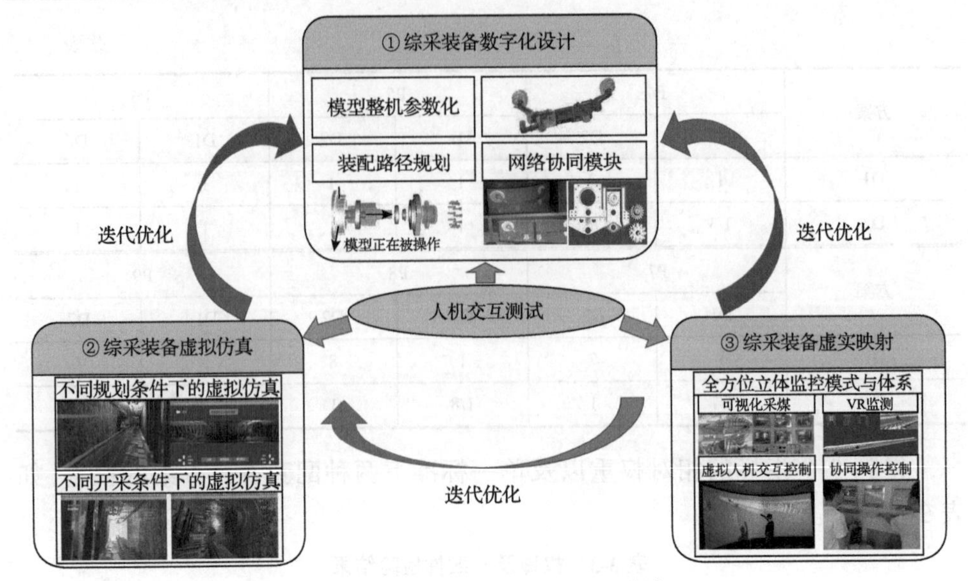

图 3-14　智能服务子系统交互设计

对比不同方案的虚拟仿真结果，在后处理模块中对性能和工艺参数进行优化。随后，根据优化结果进行操作。此时，装备的数字方案与实际运行情况相匹配，并输出工艺流程。

在综采装备虚实映射阶段，虚拟环境与实际控制程序相连接，采用硬件循环仿真的方法对单台或多台机器进行运行测试。使用单机控制系统进行实时测试，以确定虚拟装备运行的准确性和可靠性。比较虚拟和真实环境中多台机器的几何尺寸，评估装备控制系统的精度和可靠性。随后对综采作业进行评估，以确定潜在的故障和问题，并评估不同的控制方法。

数据监测模块得到的采煤机位置与 VR 模拟的一致，上位机控制现场装备，对采煤机、刮板输送机、液压支架、集中控制程序进行虚拟调试，输出综合数字化解决方案。

智能服务子系统提供设计过程的可视化，增加生产价值、经济价值和商业价值，提高产品设计效率，并为安全高效的采煤工作提供服务支持。

对比表明，传统方案仅满足基本要求。在综采装备虚拟仿真和综采装备虚实映射阶段，因为已经购买了实物，所以修改已来不及，因此只能对电气控制系统和相应产品进行修改。地下环境复杂，因此对电气控制系统的改造难度较大。

MSPSS 有效地避免了以上问题，并使用三个阶段的迭代逐步执行优化。在测试过程中，设计者可以观察到各个环节和利益相关者之间的频繁交互（表 3-4）。

在获得数字化解决方案后，操作从③转移到①，③转移到②，②转移到①，以找到最佳解决方案，节省资金并提供高质量的设计。表3-5所示给出了原方案和优化后方案的对比。液压支架型号为ZY11000/18/38D，采煤机型号为MG 400/920-WD，刮板输送机型号为SGZ800/2x525。装备设计的最佳方法是发现

表3-4　具体问题迭代情况

序号	返回程度	具体问题迭代情况
1	①内部	整体需求采高与摇臂高度
2	①内部	截割电机选型与滚筒截割不匹配
3	①内部	截割部三轴设计强度不够
⋮	⋮	⋮
29	①内部	牵引部行走轮与导向滑靴间隙太小
30	①内部	内牵引和外牵引连接的外牵引齿轮强度不够
⋮	⋮	⋮
38	②内部	三机断面的两端距太小，易干涉
39	②内部	刮板输送机S弯曲段未涉及采煤机
40	②内部	中部跟机作业采煤机与支架动作
⋮	⋮	⋮
58	②返回①	支架高度与采煤机截割滚筒易干涉(需修改采煤机)
59	②返回①	刮板输送机与支架连接头强度不够(需修改)
60	②返回①	采煤机与刮板输送机斜切进刀不匹配
⋮	⋮	⋮
65	②返回①	刮板输送机传感器安装与支架推溜移架干涉
66	③内部	一键启停延时太长
67	③内部	支架顺序移架与成组移架切换问题
68	③内部	支架推溜移架不到位
⋮	⋮	⋮
75	③返回①	起伏煤层条件下，采煤机滚筒和支架护帮板在一些极限条件下，护帮板结构改变
76	③返回①	刮板输送机S弯曲段工艺不精准，导致受力过大，需对中部槽进行优化
⋮	⋮	⋮
80	③返回①	长期工作，供液压力下降
81	③返回②	推进过程中，煤堆积严重，须对底板截割轨迹进行限制
82	③返回②	辅助工艺段，端部整体推移时有所欠缺
⋮	⋮	⋮
101	③返回②	压力传感器不能正常工作

表 3-5　原方案和优化后方案的对比

序号	种类	相关参数	优化后的方案	备注
1	采煤机	MG 400/920-WD	MG 400/920-WD+	采高、传动部分修改
2	刮板输送机	SGZ800/2x525	SGZ800/2x525+	机头配套尺寸等
3	液压支架	ZY11000/18/38D	ZY11000/18/38D+	加装了二级互帮控制、增加了底座倾角传感器
4	工艺方法	端部斜切进刀单向割煤 8 工艺段	端部斜切进刀单向割煤 10 工艺段	增加左右清浮煤等辅助工艺
⋮	⋮	⋮	⋮	⋮
16	刮板输送机地形检测传感器	选用	取消	通过采煤机反演运算方法
17	采煤机倾角传感器	抗振性较差	增加了内置滤波	—
18	通信方式	5G	4G	—
19	采煤机电控系统	无线	有线无线双驱动	—

和解决问题，在迭代优化 101 次后(表 3-4 中，数值范围②返回①表示从阶段②至阶段①，其他表达方式类似)得到装备设计的最佳方案，不仅节省设计时间，而且可生产出高质量的产品。

智能服务子系统使利益相关者在产品设计中考虑实际工作条件和运行维护条件，得到设计良好的产品。在设计过程中对系统进行健康状况监测，以确保安全高效的设计和系统的健康运行。MSPSS 分别解决问题设计、制造和实际工作环境中的各个环节的问题。利用传统方法完成一个项目需要一年半的时间，而使用 MSPSS 从开始到结束只需要 10 个月。最显著的改进是提高了效率，利益相关者可以高质量和高效率地协作执行设计任务。

3.6.3　数字服务解决方案测试

完成三个阶段后(图 3-14)，智能服务子系统通过可视化展示，提供了设计过程以及生产、经济和商业价值的相关信息，从而全面提升了生产设计方面的相关效率，并为安全高效的工作面生产提供了全方位的服务支持。

最佳数字产品调试完成后，智能服务子系统提供阶段③后的服务。本节从智能监控服务、井下在线预维护服务、运营决策服务、故障诊断和运维服务五个方面，对提供产品服务的传统方法和数字化方法进行了比较，如表 3-6 所示。

智能服务子系统实施后，大部分服务由井下工作向调度室转变，提高了服务质量和安全性能。利益相关者获得了更多的定制化服务、更可靠的运营决策和更有效的运营。

表3-6 传统服务和MSPSS数字化服务的效果对比

比较项目	传统服务的内容与效果	MSPSS数字化服务的内容与效果
监测监控	20多名操作人员分别对各机电、控制、运行态势等产品局部观测并运行，多人检查，获得局部最优。但可能造成局部的浪费，检测不准确，严重依靠人为经验	采用数字化解决方案获取传感器实时信息，建立虚拟监控界面，用户能够获得全局的视角，从全局的角度判断井下工作面的运行状态
井下装备维修	三班工作制，检修班对所有装备进行人工检查，凭借多年的工作经验进行检修，表面上的问题可以解决，但内在的问题无法解决，经常停机，耽误生产任务，各机型都不相同，整体可靠性较差	使用大数据分析关键运行装备的全局状态，以确定最佳的预防性维护战略，工作量和停机时间显著减少。维护人员使用数字仿真进行虚拟维护，并在数字地面环境中进行培训。积累经验后，他们可以在地下环境中工作，在真正紧急情况下反应更冷静，从而提高效率
整体运行决策	局限性大，凭借自身经验，用肉眼去观测，不可能获得全局最优	采用数字化方法，根据工况对工程进行模拟，选择工作面的最佳开采方式
故障诊断	凭借工人经验，听声音去判断，受人为因素影响，很容易漏判故障，只能检测出来一些简单的问题和故障，深层次的复杂性的关联故障仍然没有解决，还会因受到井下环境的影响，难以快速分析大量数据并给出准确的诊断结果	采用人工智能和大数据技术，实现故障诊断新模式——智能故障诊断系统。系统优化诊断过程，可快速、准确地识别故障。此外，该系统还可基于运行监测数据，进一步分析预测潜在故障并预警
智能运维	依赖于人类经验，因此在监控、问题发现、警报和故障处理方面存在缺陷。数据采集、异常诊断分析、故障处理等效率有待提高	将人工智能的能力与运维相结合，通过机器学习的方法来提升运维效率。总体来说，智能运维比传统运维方式效率更高，数据采集更准确、更智能

与传统的设计方法相比，MSPSS提供了更好的服务。传统方法存在难以提供维修和服务的问题。在地下环境中，MSPSS比传统方法的故障率更低、生产率更高，体现了其服务优势。

3.6.4 讨论

本节比较传统方法和MSPSS的过程和结果。在早期，传统方法比MSPSS的效率更高。传统方法处于综采装备虚拟仿真阶段时，数字化虚拟操作尚未完成，但在MSPSS得到最优数字产品方案后，后续物理设计的速度迅速提升，地面调试、地下调试等流程很快完成，然后进入生产阶段。前三个阶段使用MSPSS在10个月内即可完成一个项目，而使用传统方法则需要15个月。MSPSS的产品质量和服务质量均明显高于传统方法。

图3-15显示了在设计过程中使用MSPSS的结果。该系统已在煤炭开采行业中用于提供产品和服务。MSPSS在设计过程中考虑了实际的运行和维护条件，实现了设计、制造和维护的协调统一，并实现了系统的健康监测，确保安

全高效的设计和良好的运行。

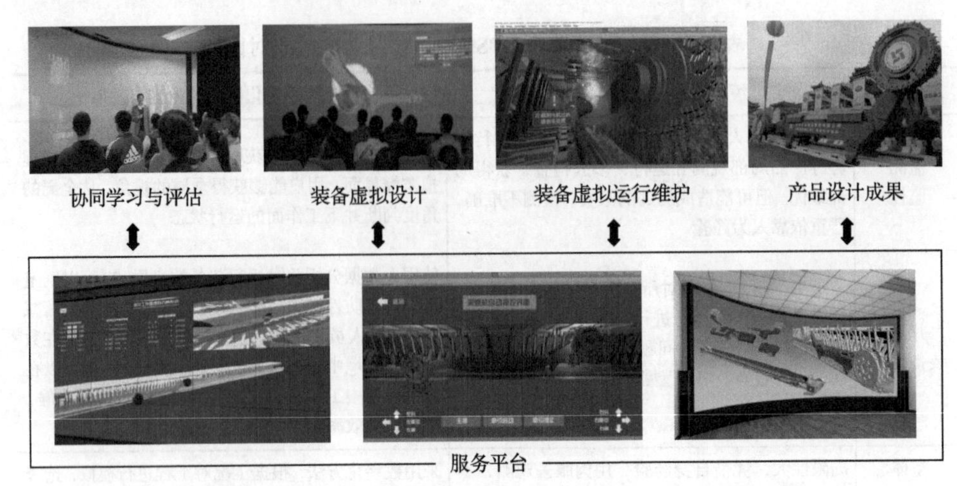

图 3-15　面向采煤机设计的数字化综采装备全流程数字化设计的服务系统核心功能

调查 100 名利益相关者(包括矿山企业 40 人、装备制造企业 30 人、自动化企业 30 人)，统计他们使用 MSPSS 的感受，结果如下。

(1)矿山企业用户关心安全高效的生产，其中，18 人满意，22 人中等满意。所有用户都同意 MSPSS 是一种可以降低成本并提高生产力的数字解决方案。在确定最优的数字方案后，能加快每一个物理过程，并提供更优质的产品和服务。因此，产品生产效率得到了显著提高。

(2)装备制造企业的 30 人中，有 27 人比较满意。他们表示，数字化解决方案适应井下环境变化，产品更加多样化，产品的可靠性也得到了显著提高，大大减少了维护服务量和工作量。其余 3 人来自员工较少的小微企业，他们不具备设计和修改数字模型的能力，因此，他们有所保留，但也愿意在未来使用该系统。

(3)自动化企业的 30 人中，有 29 人比较满意。自动化企业一般是在装备安装完毕后才介入的，在危险、密闭的地下环境中可能会出现各种意想不到的问题。他们表示，MSPSS 大大降低了调试成本，产品和服务适应性很强。

在传统的设计方法中，物理装备是在完成设计后购买的。如果设计有问题，装备不能退换。但在数字化设计方法中，每个产品的数字模型都是与利益相关者协作创建的。在所提出的数字化设计方法中，可以在装备安装前进行程序控制、联调和解决问题，大大减少了综采装备的调试时间。如果设计有问题，可以重新设计产品，直至获得最佳结果。

用数字调试操作代替地下测试，降低了调试复杂度和产品成本。所有测试均在虚拟环境中进行，避免了意外的发生。最重要的是，可以实时修改错误。经过三个步骤的多次迭代，最终得到产品的最优数字解。用户根据最优结果与各利益相关方签订合同，购买设计最优的物理装备。后续通过数字化技术获取更好的服务，将产品与服务深度融合贯穿工作面生产全生命周期。

MSPSS可以与传统的设计方法相结合作为一个数字解决方案使用。如果工艺保持不变，设计时间将大大减少，结果会优于传统方法，利用 MSPSS 提供的产品和服务的综合解决方案，可提高煤炭开采行业的质量和效率。

3.7　本章小结

本章对面向“虚实融合 1.0～2.0”的数字化智能产品服务系统 MSPSS 进行案例研究。结果表明，所有利益相关者均可以无缝地参与设计过程。智能产品子系统采用迭代优化(超过 100 次迭代)以交互方式获得设计结果。智能服务子系统提供全程数字化服务。此外，该系统还为复杂的工作面生产条件提供了稳定、可靠、全面的产品和服务解决方案，并输出用于指导物理设备的设计、调试和操作。与传统的设计方法相比，MSPSS 具有更高的设计质量和效率、更短的设计时间和更低的设计成本(KPI)。

MSPSS 非常适合综采工作面，因为它可以为产品和服务提供全面的解决方案。由此得出以下结论：

(1) MSPSS 代表了针对煤炭开采行业全生命周期的数字化产品和服务的综合解决方案，可在设计、制造、运营和维护阶段实现各利益相关者的协作。MSPSS 对危险的工作面生产环境具有很强的适应性。数字化设计技术被整合，使利益相关者能够从物理和信息两个维度获得数字化产品和服务的综合解决方案。该方法可以与传统方法结合使用，提高服务质量和效率，缩短设计时间。数字化解决方案通常用于提供产品和服务，具有适应性强的优势，可以在服务的全生命周期中使用，以更好地为用户服务。

(2) MSPSS 可用于生命周期的所有阶段，从设计和模拟到半实物操作和服务，为煤炭开采行业的智能产品服务系统提供数字基础。行业代表对此方式反应积极，计划创新、整合、提升数字化产品和服务水平。数字化解决方案是指导物理装备设计、调试和运行的决策依据，大幅提升了产品质量和效率。

(3) 所提出的 MSPSS 框架既可用于煤炭开采行业，该行业通常工作条件差，设计过程复杂，也可用于通用机械装备行业。希望本章能为进一步研究数字化技术和 PSS 的工业应用提供启示和参考。未来，越来越多的面向挖掘产品和服务的数字解决方案流数据将在一定程度上受到分布式数据的驱动。通过工业云与区块链技术相结合，在现有 MSPSS 的基础上，建立具有混合云链的分布式智能生产网络，相关的数字解决方案将被放置在云端，以满足要求，数据将保持透明性和不变性。用户在安全生产和个性化需求的基础上创造价值。尽管工作面生产环境有许多未知之处，但随着智能化技术的发展，透明度至关重要。用户可以通过分布式网络参与产品开发、访问生产链接和改进产品。

第 4 章　面向“虚实融合 2.0～3.0”的测试与评估系统

4.1　引　　言

智能化综采工作面是几种异构装备在未知的煤层环境下协同运行工作，其最终目的是形成全面感知、决策与控制的智能化运行体系，其涉及的工作点多、耦合关系复杂，需分阶段开展，全方位多点协同开展攻关，而当前主要问题是缺少一种统一的测试分析工具。虚实融合 2.0 阶段可以对整个物理综采工作面进行实时规划，通过与真实控制系统相连，进行半实物虚拟仿真与调试。以虚实融合 2.0 阶段的虚拟规划为基础，添加部分虚实融合 3.0 阶段中的测试仿真、智能运行协同模型、测试与评估等特征，就形成了本章所介绍的测试与评估系统 MTES。

当前，煤矿开采行业已引入数字孪生技术[39]，该技术跃升为智能开采技术的重要组成部分[38]。数字孪生技术可以构建出外形和内在运行机理与物理工作面生产系统均一致的数字孪生体[39]，可以在项目的全生命周期全面提升工作面智能化水平。本章针对上述问题，依靠数字孪生和虚拟现实等技术，根据某个特定的实际运行数据，在虚拟空间中重现工作面的运行情况，即智能虚拟综采生产系统。该系统设置供用户使用的接口，通过输入不同参数，选择不同的运行模式，模拟工作面实时工况和下一步的运行工况，并建立统一的科学评价体系，便于进行测试与评价。本章分别从虚拟、虚实对应和物理三方面对智能虚拟综采生产系统 MTES 的总体架构和工作面历史数据处理、离线数据驱动虚拟工作面运行、系统的评价方法进行研究，形成完整的原型系统，验证其性能，并逐步进行升级改造。

本章提出一种面向不同智能化程度的综采生产系统的虚拟测试与评估方法，按照“真实数据处理—虚拟场景构建—设置关键信息点—虚拟运行与评价”的思路进行实验，将某个特定工作面地质和装备的实际运行数据通过装备间运动关系模型合理转化为可视化虚拟场景，准确复现工作面虚拟运行开采情况。再分析不同智能化程度下的传感、执行等误差，建立各装备感知、决策、控制输入接口，构建基于层次分析法的运行评价体系。此运行评价体系可全面模拟装备智能化程度不同的传感、决策与控制的关键点，并对装备进行性能测试。

4.2 MTES 总体框架

4.2.1 系统总体设计

作者团队研发出了一种基于多智能体系统(mutic-agent system, MAS)的综采工作面装备协同运行仿真器，建立了基于多智能体系统的综采装备 Agent 模型和环境模型，可以完成各种输入条件下的综采装备运行与整体工艺仿真，输出仿真过程数据并进行相关分析。但此系统存在不足，具体如下：

(1)煤层地理环境尚未构建，只能完成水平底板条件下的模拟运行。

(2)交互环境的不确定性考虑较少，与实际工况距离较远。

(3)缺少实际井下真实运行数据做支撑。

因此，作者在此系统上进一步升级，构建了一种面向智能化综采生产系统的测试与评估方法，该方法的整体架构如图 4-1 所示。

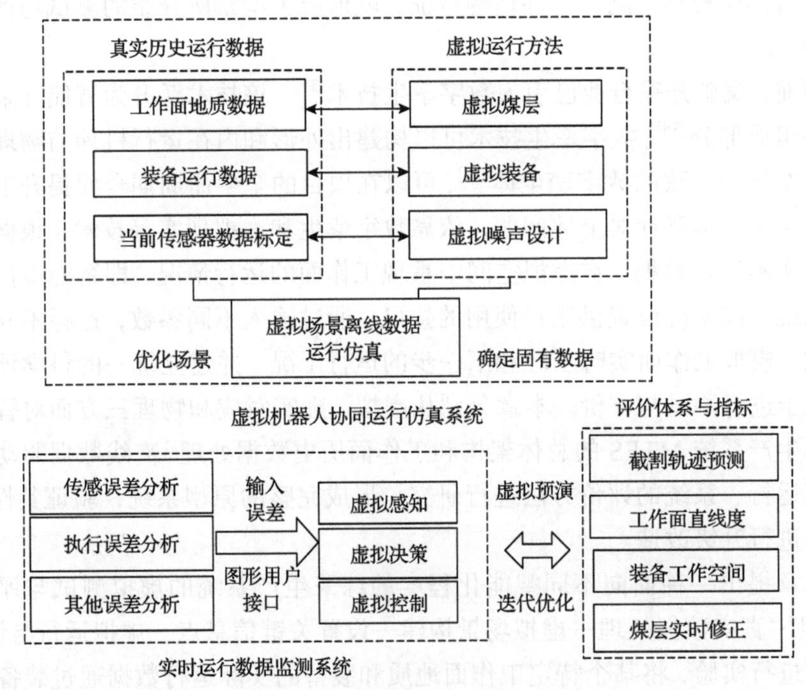

图 4-1 测试与评估方法整体架构

测试与评估方法具体流程如下：

(1)基于某个智能化工作面运行的全套装备+井下地质探测数据，嵌入到当前的基于多智能体系统的综采工作面虚拟规划系统，以驱动虚拟工作面离线运行，确定仿真初始数据和虚拟场景运行数据。

(2) 在虚拟装备中添加深度强化学习模型，并将装备及地质探测等手段按照未来智能化发展运行的参数进行输入，构建虚拟 AI 机器人协同运行仿真系统。

(3) 构建考虑截割轨迹、直线度、工作空间和动态煤层的全面评价指标，对未来的综采机器人运行进行模拟，确定发展趋势，测试机器人的运行性能。

4.2.2　系统软件设计

图 4-2 为 MTES 软件设计框架。MTES 软件以 Unity3D 软件作为核心软件平台，利用 SQL Server 软件存储综采装备实际运行数据，利用 Unity3D 软件采集虚拟运行数据，并搭建三个软件之间的数据传输通道。MATLAB 分别从 SQL Server 软件与 Unity3D 软件中读取实际运行数据与虚拟仿真数据，根据误差标定参数，经过滤波、深度学习等算法将实际运行数据与虚拟数据进行融合，将处理后的数据返回 Unity3D 软件中，Unity3D 软件根据处理后的数据更新虚拟场景，指导虚拟综采装备运行。

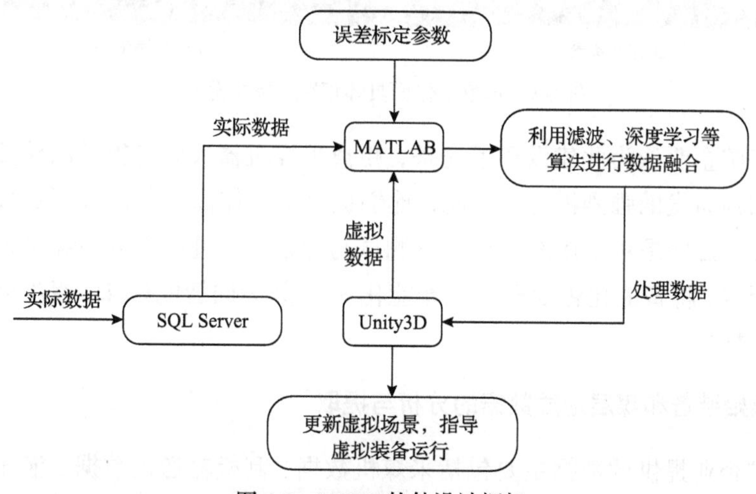

图 4-2　MTES 软件设计框架

4.3　工作面运行数据处理关键技术

4.3.1　示范工作面智能化情况及问题由来

以我国神东地区某著名煤矿工作面的运行数据为基础设计示范工作面，采用采煤机记忆截割、液压支架自动跟机移架、远程集中控制与人工干预巡检、地质煤层探测等技术，并装有惯导和 LASC 系统。该工作面(刮板输送机和液压支架群)的运行状态可以实时探测出来，是我国智能化水平较高的矿井，如图 4-3 所示。

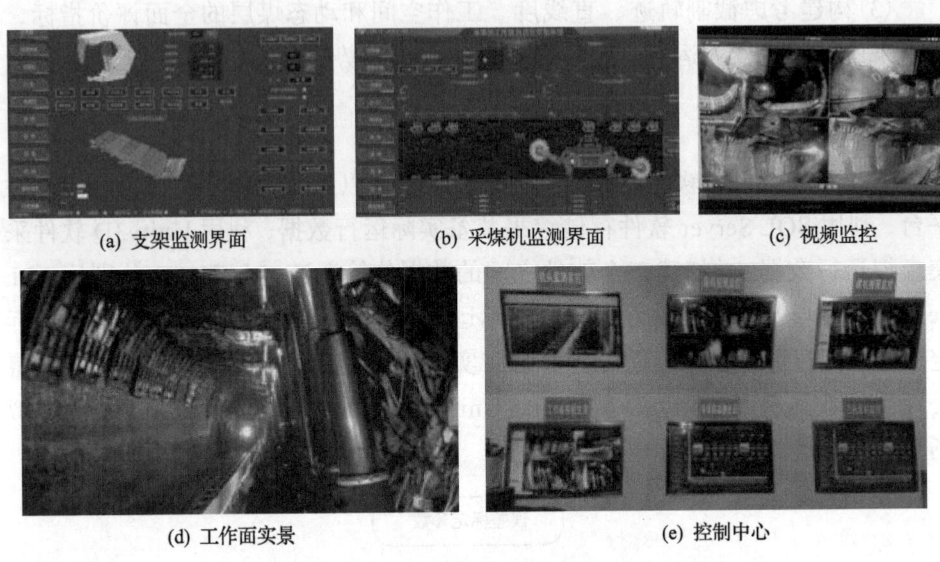

(a) 支架监测界面　(b) 采煤机监测界面　(c) 视频监控

(d) 工作面实景　(e) 控制中心

图 4-3　示范工作面具体情况与需求分析

该煤矿企业认为此建设还不完备，距离采煤机器人尚有很长的路要走，有进一步加强研发的强烈需求。因此，他们提供了工作面装备运行历史数据及地质数据等，目标是对工作面运行进行测试与评估，通过评价得到综采智能化关键限制因素，将智能化程度升级成智能化 3.0，并为向智能化 4.0 逐步接近提供明确的目标导向。

4.3.2　原始装备和煤层地质数据的分析与提取

煤矿企业提供的数据主要包括采煤机数据、刮板输送机数据、液压支架数据以及部分煤层数据，如图 4-4 所示，共有接近 100 个截割循环的数据。采煤机数据较为完整，有轨迹和绝对位置关系，可以描述出在三维煤层环境中的精准定位姿态。依据 LASC 系统反映出来的平面数据对液压支架群和刮板输送机进行定位，在地质方面提供了工作面两巷的揭露数据、绝对地质标高和五个钻孔点的离散数据，但是在煤层地形走势方面缺少相关数据，只能通过装备运行的整体数据进行间接的推算描绘，并与已有数据进行复杂曲面的拟合，才能构建出工作面煤层顶板和底板。

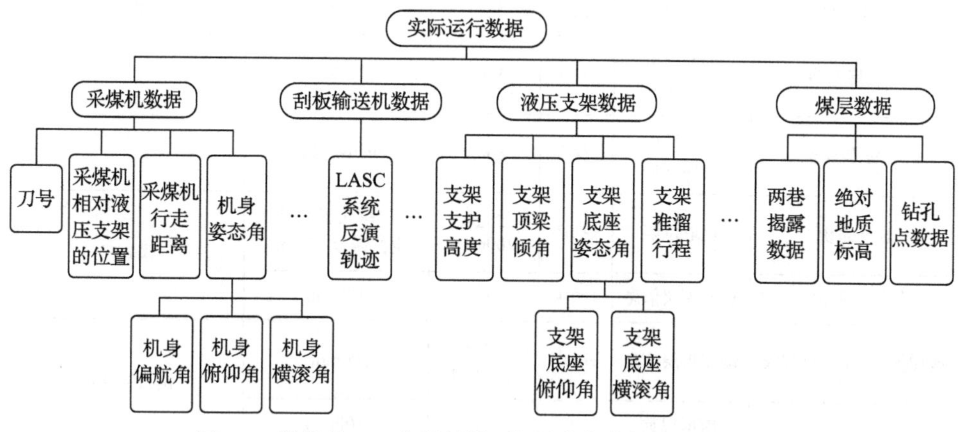

图 4-4　提供的 100 个截割循环相关装备数据及煤层数据

4.3.3　传感器及未来需求、执行动作标定

对综采装备性能和传感控制元件进行标定。根据传感器工作原理及相关文献中的数据，并结合矿井下实际的传感器配置综合确定相关指标。

以采煤机定位为例，共通过三种传感器进行定位。

(1) 红外传感器：只能对采煤机运行到第几台架做出粗略判定，刚进入和离开同一截中部槽时，均显示同一数值，因此其精度可判定为 0.8 台支架宽度 (1.75m) 为 1.4m。

(2) 行走部编码器：在工作面较理想的条件下定位精度较高，但在起伏较大的情况下，行走轮和销排间隙不断累积，定位精度明显下降，端头需要及时准确地清零，考虑到该矿井下工作面平均倾角为 4.5°，属于地质条件非常好的近水平煤层开采条件，故确定其精度为 0.5m。

(3) 惯导：现在一般作为航姿推算器来运行，实时求解采煤机运行的三个空间角度，如果要实时计算采煤机的位置，则需要在走完一刀以后，再综合进行求解，而不是适时进行相关求解，具有延迟。对该矿井配置的就是离线求解方式，考虑到惯导标定与累计误差，其精度确定为 200mm 以内。

根据惯导信息反推的刮板输送机形态精确度、LASC 系统推断的相关精确度都取决于惯导的相关性能，因此该方法的精度低于惯导精度，被标定为 300mm。地质保障在开采前方 5m 内精度在 1.5m 左右。最终，虚拟感知系统组成如表 4-1 所示。

表 4-1　虚拟感知系统组成

感知元件	作用	处理	延时	当前精度	装备
倾角传感器	提取虚拟角度变量	+噪声	50ms	0.3°	液压支架
行程传感器	提取虚拟行程变量	+噪声	50ms	50mm+50mm	
惯导系统	提取位姿	+噪声	50ms 200ms+	三维角度 0.1° 定位误差 10mm+	采煤机
煤岩识别方法	提取煤层信息	+噪声	1s	100mm	
地质探测煤层 3D 建模	动态煤层信息	+噪声	预先设定、每刀计算	300mm+	刮板输送机
摄像头	虚拟视觉	+噪声	2s	500mm	
刮板输送机曲直度检测	虚拟检测	+噪声	每刀计算	20mm	煤层地质探测
液压支架群直线度检测				40mm	
无人机探测扫描	虚拟检测	+噪声	每刀计算	100mm+	

当前该煤矿仍然采用 4G 通信传输方式，综合考虑传感信息响应时间、各传输环节，传感信息获取延迟在 400ms 左右。这些标定信息基于井下实际信息，经确认有效，符合实际情况。煤矿未来计划将逐步使用工作面巡检机器人、ExScan 全矿井扫描系统、无人机扫描等新型手段，尽可能提高各种装备位姿感知元件的可靠性精度，再添加摄像头等视频处理手段，无论在地质方面，还是在装备、感知元件与控制等方面都计划全方位进一步提高。视觉监测和矿井扫描的效果当前没有精度指标，但是参考地面相关的指标后，考虑到井下工作环境的复杂性，扩大到 1.5 倍，即 150mm。5G 通信逐步普及后，延迟时间可达到 200ms 以内。

4.4　离线场景构建与运行场景推演关键技术

本节基于 4.3 节提供的相关数据，进行虚拟测试场景的搭建。除采煤机获取的数据外，没有直接的三维空间坐标信息，并不能直接驱动虚拟装备运行，因此必须首先建立初始高精度场景，才能进行相关推演。

4.4.1　离线运行与仿真系统框架

图 4-5 为综采工作面虚拟离线运行系统的架构，主要包括数据优化处理系

统和综采装备虚拟运行监测系统。

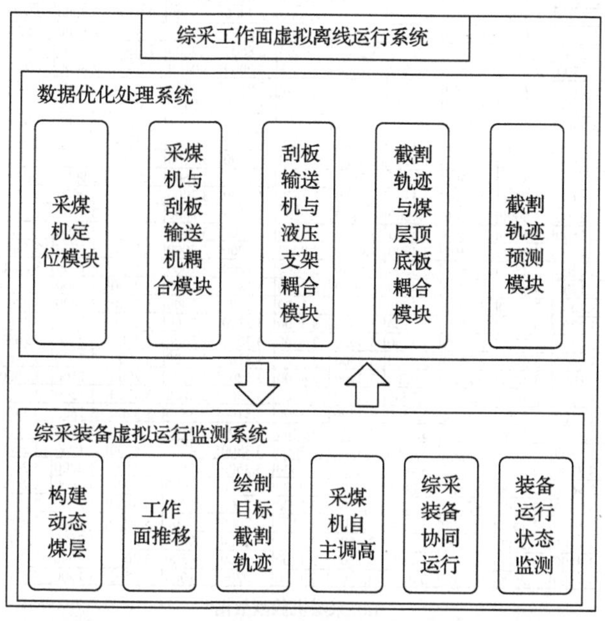

图 4-5　综采工作面虚拟离线运行系统的架构

(1)数据优化处理系统：基于装备与装备之间和装备与煤层之间的运动学模型，通过一系列算法将实际运行数据与虚拟仿真数据进行融合，根据对传感器的误差标定参数，得出采煤机运行轨迹、截割轨迹、预测截割轨迹以及刮板输送机形态与液压支架位姿等装备运行数据。

(2)综采装备虚拟运行监测系统：在 Unity3D 软件中建立初始综采工作面虚拟运行场景，根据数据优化处理系统提供的数据逐步提高场景运行精度，通过数据的不断迭代和优化，提高场景的精度。

4.4.2　工作面坐标体系及装备绝对位姿信息确定

在运输巷的端头支架处，构建虚拟工作面的绝对坐标系，并做好与地质信息的校准，如图 4-6 所示。在建立绝对坐标原点后，可进一步导入绝对地质信息和装备信息，包括部分钻孔数据和两巷揭露地质标高数据，但其他地质信息严重缺失，不足以通过地质信息直接构建煤层地质模型。因此，选择基于装备与煤层耦合的关系，通过装备实时运行数据来构建煤层地质模型。

建立装备与装备之间和装备与煤层之间的运动学模型，包括采煤机与刮板输送机耦合模型、刮板输送机与液压支架耦合模型、截割轨迹与煤层顶底板耦

1	2	3	4	5	6	7	8	9	10	11	12	13	14	15
2.4200	2.5200	2.6700	2.6200	2.7600	2.8000	2.8100	2.7800	2.7500	2.7400	2.7000	2.7600	2.7800	2.7600	2.8000
2.5200	2.6100	2.8700	2.8200	2.8500	2.8600	2.8600	2.8000	2.8100	2.8200	2.7500	2.7700	2.8200	2.7500	2.8600
2.5400	2.7100	3	3.0700	3.1500	3.0800	3	2.8000	2.7800	2.8600	2.8200	2.7800	2.8500	2.6400	2.8200
2.6300	2.6100	3.1000	3.1500	3.1400	3.1000	3.0600	2.8600	2.8500	2.9000	2.8600	2.8200	2.8800	2.6600	2.8500
2.5300	2.7200	3.2100	3.2100	3.1800	3.2100	3.2200	2.9000	2.8600	2.9200	2.9200	2.8500	2.9000	2.7500	2.8600
2.6200	2.8500	3.2500	3.2700	3.2200	3.2600	3.2000	3	2.9000	3.0100	2.9600	2.8600	2.9600	2.9200	3.0200
2.8800	2.9500	3.2700	3.4200	3.2900	3.3000	3.2600	3.0200	2.9600	3.0200	3	2.8900	2.9800	2.9300	3
2.9700	3.1100	3.3800	3.4800	3.4100	3.2600	3.2400	3.1000	3.0200	3.0400	3.0100	2.9300	3	3.0800	3.0400
3.0700	3.2500	3.4300	3.4800	3.4800	3.4200	3.2600	3.1600	3.0300	3	3.0200	2.9600	2.9900	3.1000	3.0200
3.2800	3.3000	3.5200	3.4700	3.3800	3.4500	3.2900	3.2000	3.1000	3.0800	3.0200	2.9800	3.0200	3.0400	3.0800
3.0300	3.0500	3.4100	3.4200	3.4200	3.4500	3.3200	3.2600	3.1100	3.1500	3.0300	3.0200	3.0800	3.9800	3.1000
2.8300	3.2000	3.2500	3.4200	3.4500	3.4400	3.3600	3.3200	3.1900	3.1600	3.0800	2.9000	3.0200	3.0200	3.1100
2.8300	3.2100	3.2300	3.4100	3.4300	3.4300	3.3500	3.2600	3.2000	3.2000	3.1000	2.9000	2.9200	2.9500	3.1200
2.8300	3.2100	3.2700	3.5000	3.4900	3.4600	3.3900	3.0200	3.2100	3.2600	3.1600	3.0200	3.0400	3.0200	3.0900
3.0200	3.0500	3.1500	3.4200	3.4600	3.4800	3.4600	3.0800	3.1800	3.2400	3.1500	3.1600	3.1500	3.1400	3.1000
3.0400	3.0500	3.1000	3.4300	3.4300	3.4600	3.4800	3.0900	3.1000	3.2000	3.1600	3.1700	3.1400	3.2000	3.1200
3.0700	3.0300	3.2000	3.4500	3.3800	3.3600	3.5000	3.1800	3.1200	3.1600	3.1400	3.1900	3.2000	3.2400	3.1400
3.0100	3.1000	3.1000	3.5000	3.2900	3.4200	3.4600	3.2500	3.1800	3.1800	3.2500	3.2500	3.2600	3.2600	3.1600
2.9800	3.1100	3.2000	3.4900	3.3200	3.3800	3.4500	3.3000	3.2200	3.2000	3.2600	3.2900	3.3200	3.2800	3.1100
3.0600	3.1100	3.2900	3.4800	3.4800	3.4500	3.3800	3.3600	3.2800	3.2400	3.2800	3.3300	3.2500	3.2400	3.1800
2.9000	3	3.2200	3.2500	3.3900	3.4200	3.3900	3.4100	3.3000	3.3000	3.2600	3.2600	3.2600	3.2200	3.1900
2.8200	2.9000	3.1600	3.2000	3.3500	3.3500	3.3600	3.4200	3.3100	3.3400	3.3500	3.2200	3.2700	3.2400	3.2500
2.8000	2.8200	3.1000	3.1800	3.2600	3.2600	3.2900	3.4300	3.3200	3.3000	3.2900	3.2100	3.3000	3.2600	3.2100
2.7400	2.8000	3.0500	3.1600	3.2200	3.2600	3.2600	3.3600	3.3500	3.3200	3.3200	3.1500	3.3200	3.3200	3.2200
2.8000	2.8000	2.9400	3.0700	3.1000	3.2500	3.2200	3.3200	3.3100	3.3800	3.3900	3.1800	3.3400	3.3400	3.3000
2.8400	2.8500	2.9000	3.5800	3	3.1900	3.3000	3.3100	3.3200	3.4100	3.4400	3.1600	3.3000	3.3200	3.3200
2.8600	2.9000	2.8800	3	2.9800	3.1600	3.3000	3.3000	3.3800	3.4200	3.4500	3.1900	3.2600	3.3000	3.3400
2.9000	2.9900	8.8200	3.0200	3	3.1000	3.2600	3.2600	3.3600	3.3500	3.4100	3.2200	3.2400	3.2700	3.2400
2.9900	3.0600	2.9600	2.9700	2.9500	3.0800	3.2500	3.2100	3.3000	3.3600	3.4200	3.2600	3.2600	3.2200	3.2600
3.1000	3.3800	3.2300	3.0500	3.2200	3.1200	3.2000	3.2000	3.2200	3.2900	3.3800	3.2600	3.2500	3.2400	3.2800
3.3100	3.2300	3.3200	3.1800	3.2000	3.2200	3.1600	3.1100	3.2000	3.0200	3.2900	3.2900	3.2700	3.1600	3.3000
3.4200	3.4100	3.4100	3.2600	3.2400	3.3000	3.2600	3.2000	3.1600	3.0800	3.2500	3.2500	3.2200	3.1800	3.3200
3.4800	3.5200	3.4500	3.3000	3.2900	3.2100	3.1800	3.1700	3.1500	3.0500	3.2000	3.2600	3.2400	3.2000	3.3400
3.3700	3.4400	3.4800	3.2000	3.0500	3.0200	3.0200	3.1100	3.0200	3.1000	3.1800	3.1500	3.1700	3.2400	3.2900

(a) 采煤机截割数据

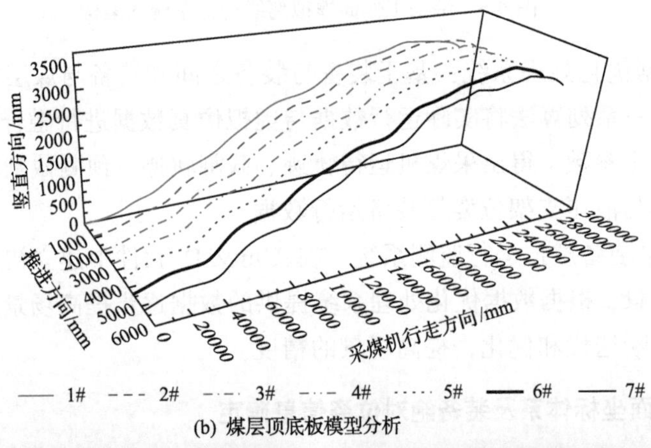

(b) 煤层顶底板模型分析

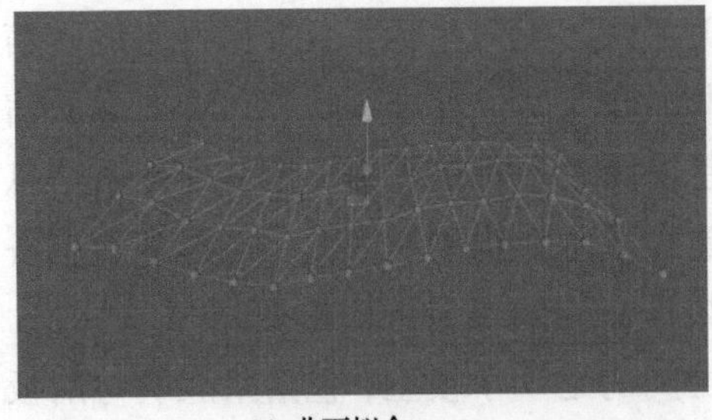

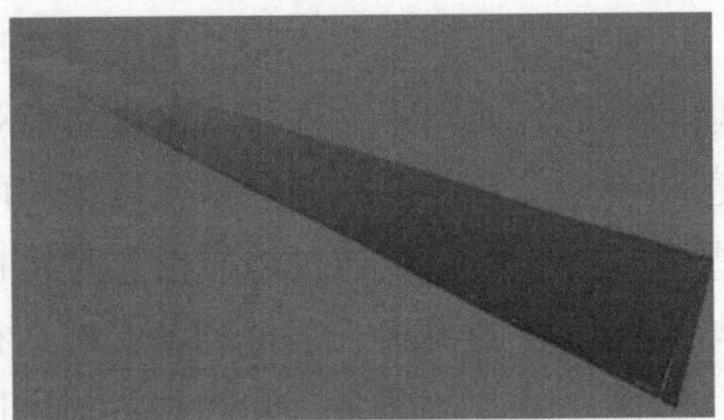

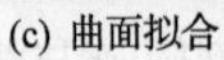

(c) 曲面拟合

(d) 煤层构造

图 4-6　工作面坐标体系

合模型、刮板输送机与煤层底板耦合模型、液压支架和煤层耦合模型以及截割轨迹预测模型，逐步完善装备运行与煤层信息。

如图 4-7 所示，实际数据先驱动虚拟采煤机运行，将实时上下滚筒高度辅助以健康状态信息对顶底板进行实时修正，得到采煤机实时运行三维形态，反演刮板输送机的形态，进而对煤层顶底板进行初步重建。如取出采煤机实时截割下滚筒截割曲线中的每个点对应的表征健康状态的左右截割牵引的电流，若该数据在正常范围内，说明截割高度的数据正确，否则说明截割状态异常，按照顶板高度数据减小，底板高度数据增大的原则进行调整，进而实现由截割轨迹到煤岩分界面的转化与修正。

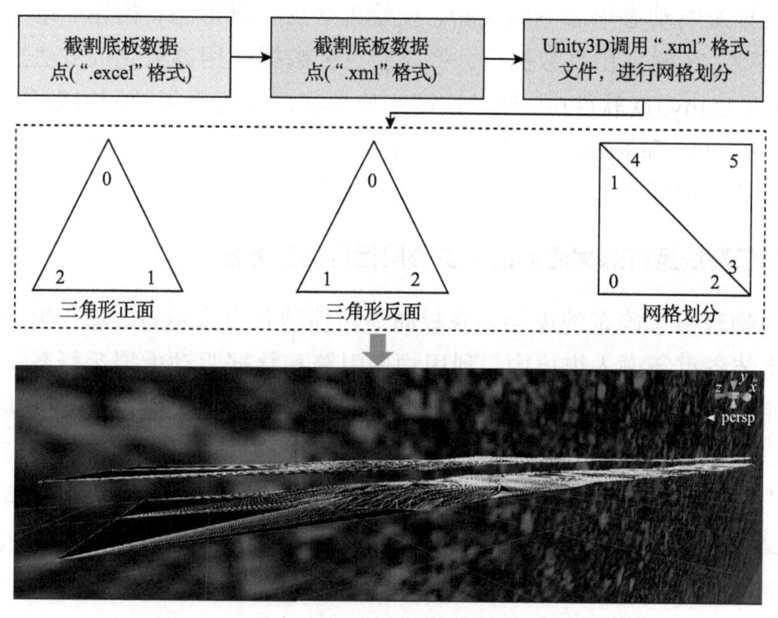

图 4-7　基于 Mesh 网格的煤层截割底板构建方法

将采煤机反演的刮板输送机形态与 LASC 系统中刮板输送机的平面形态信息进行融合，基于上一步推演的底板信息，在运行过程中采用同步预测分析的滚动时域控制方法，进而实现刮板输送机三维形态的实时感知。液压支架信息通过刮板输送机信息和浮动连接机构求解方法进行求解，并与 LASC 系统中支架的排布信息与底座倾角传感器进行融合，求解出在绝对坐标系下支架群的整体姿态。

4.4.3　工作面煤层仿真模型的构建

一般来说，在没有地质构造的情况下，综采工作面煤层变化趋势较缓慢，每个循环之间的装备运行数据与未来待开采的相邻几个循环之间具有相似性。因此，可根据实时装备运行的相关数据，基于智能算法，对前几刀的有限透明煤层进行精准建模，并对地质模型进行精准修正，提高其精度，反过来又可以为虚拟装备提供精确的运行与导航信息。这样周而复始，煤层精度不断提高，装备运行工况也会不断透明化，各刀轨迹拟合成煤层顶底板曲面。

在装备定位定姿方法的基础上，基于已知的截割顶板轨迹和底板轨迹数据，对下一刀“三机”状态和位置进行预测和判断，利用“三机”联合和循环定位定姿方法，分别提取采煤机前后滚筒多个循环截割形成的顶底板曲线、液压支架各循环的支撑状态和刮板输送机循环排布状态，通过与两行揭露数据四者融合直接影响动态煤层不断更新，描绘出煤层三维形态，构建三维工作面煤层仿真模型。在确定仿真数据后，将煤层点云数据使用参数化的方法进行数据拟合，导入 Unity3D 软件中，通过连接三角形实现煤层底板的网格划分与构建，利用 Mesh Filter 和 Mesh Render 组件对构建好的网格曲面进行 Mesh 属性的添加与渲染，实现基于数据的煤层虚拟重构(图 4-7)。

4.4.4 基于离线运行数据驱动的装备协同运行仿真方法

利用物理引擎确定的煤层顶底板曲面可使装备自主运行。基于生成的煤层模型，将装备重新融入煤层中，利用物理引擎和数据驱动虚拟运行系统协同运行，进而完成初始场景的构建。液压支架群与刮板输送机通过浮动连接机构进行连接，在煤层底板及顶板的作用下协同推进运行。支护转运装备(简称“支运装备”)在采煤机不断往复截割运行的情况下，逐步向煤壁侧推进运行，基于支运装备在煤层底板上的位姿与排布信息，即可进行煤层顶板与液压支架群支护空间的虚拟协同运行。

4.4.5 装备工作空间与动态煤层分析

虚拟运行可对装备整体运行的时空运动学进行研究，更好地对装备截割、推进路径、煤层之间的关系进行规划分析和路径优化。在各虚拟装备的关键运动关系点上修补关键信息点，将各关键定位标记点的坐标以“.xml”等格式的数据实时输出，构造时空运动模型，以分析装备与煤层的时空运动学，如通过在底座前后两端、四连杆、顶梁前后两端、护帮板与刮板输送机靠近煤壁侧设置的关键定位点可以得到液压支架支撑空间。将运行数据导出并与获得的实际运行数据进行对比分析，确定虚拟推演的可信度，包括截割轨迹预测、工作面直线度分析、工作空间重构与煤层实时修正，从细节与整体各个方面进行把握。

4.5　虚拟装备协同运行仿真评价关键技术

4.5.1　智能化开采程度定义与划分

智能化开采1.0为传统的人工开采，其传感信息较少，决策与控制均依赖于人，暂不做考虑。智能化开采2.0～4.0的定义和特点分别介绍如下。

(1)智能化开采2.0：其主要特点是“自动控制+远程干预”，以采煤机记忆截割、液压支架自动跟机及可视化远程监控为基础，实现对综采装备的智能监测与集中控制，确保工作面割煤、推移刮板输送机、移架、运输等按照程序自动运行。

(2)智能化开采3.0：其特点为工作面自动找直，采用引进的LASC技术，实现对工作面直线度的有效控制；以透明工作面为特点，构建误差在一定范围内的地质模型；依托惯性导航、光纤传感器、煤岩识别系统、自动调高系统、健康状态监控等高精度的感控元件和数字化系统，可在较复杂地质条件下的工作面上实现常态化运行。

(3)智能化开采4.0：全智能自适应开采阶段，基于透明工作面条件下的智能化开采大数据，通过不断深度学习，形成“感知-分析-决策-控制”全智能化开采策略。采用机器视觉、多源信息融合与三维物理仿真等技术对所采集的数据进行智能分析，使系统能够自主认知并理解工作面环境与装备的实际状态，在此基础上通过煤机滚筒自适应调高、直线度控制与上窜下滑控制等智能决策控制技术进行开采决策与执行控制。

4.5.2　虚拟机器人运行框架

虚拟机器人在VR环境下实现智能化开采过程，其总体框架如图4-8所示。各装备在不同的阶段均应具有对应特征的感知-决策-运行能力，包括感知层、决策层、运行层和环境与态势变化层。

感知层：装备与外界交互的接口，不断读取运行状态和数据，为思考和决策收集信息，主要依托Unity3D软件中虚拟仿真中的脚本交互技术。

决策层：利用感知的结果推理决策下一步的行为，选择与策略匹配的行为，在解空间内进行搜索并在多种可能性之间切换。其中，每个虚拟装备都拥有一个决策控制器来负责对相关的智能行为进行决策。

运行层：根据决策结果，发出命令、更新状态、虚拟运行，对应虚拟装备仿真运行，需注意虚拟行为与真实行为运行的一致性。

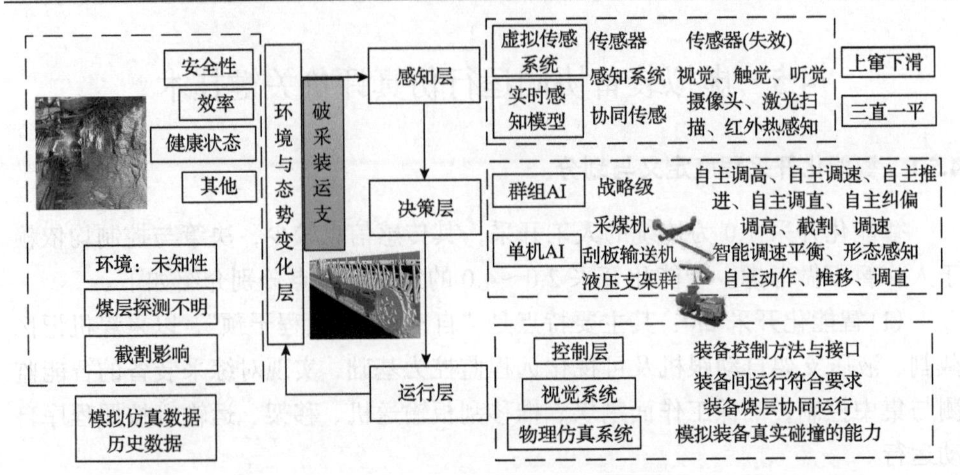

图 4-8 虚拟机器人智能运行总体框架

环境与态势变化层：基于井下获得的各种数据，分析数据运行规律，将煤层(顶底板)及周围环境(瓦斯、矿压)等作为一个管理 AI，评估协同运行系统的总体运行情况与工作面整体运行态势，按照规律出现相应的事件，对整体机器人运行进行相关评估。

总的来说，传统的 Agent 主要依靠经验建立环境模型，而采煤机器人运行环境和任务的复杂性，以及环境的不确定性使机器人必须依靠传感器等各种手段进行实时动态建模，通过任务的传感技术将感知与动作建立直接联系，基于传感器的规划与决策对复杂动作进行调控等。

在实际运行中，装备在感知、决策和控制方面常遇到以下问题：传感器检测精度不足，网络传输系统存在延迟，决策系统过于单一化而容易出现误操作，以及控制元件的动作不准确等。虚拟仿真如何将这些因素都考虑进来并进行高质量的仿真是关键。

根据用户接口选择不同的智能化配置，添加或者禁用相关装置和按钮。其中，基本的模板为采煤 2.0～4.0。单击“确定”按钮后开始仿真，进而可视化仿真过程，输出运行结果，再进行相关决策。

4.5.3 虚拟感知与信息交互

虚拟 AI 机器人信息感知能力需按照真实装备运行的感知能力进行设计，一个 AI 可能有多个感知器，包括普通传感器、环境感知器(视觉、听觉)等，用来检测装备及环境的动态信息。虚拟 AI 机器人运行时，感知无法也无须在每帧中进行，并不是所有角色状态都需要查询。感知系统涉及一些复杂的计算，通过轮询与事件驱动两种方式获得信息。

(1)轮询：通过调取周围环境及相关联的装备方式来获得信息，现有的集控系统采用这种方式较多。例如，支架群如何进行动作需要实时调取采煤机的位姿信息并进行综合判断。在虚拟程序中也可建立一个对应的轮询中心，通过不同对象之间的变量交互直接寻找。

(2)事件驱动：通过坐等消息的方式来获得信息，可模拟装备的自主感知能力，包括视觉(图像识别)、触觉(液压支架和采煤机防撞梁)、听觉等。分布式控制架构采用添加虚拟感知组件的方式，当物理引擎检测到碰撞时，会自动调用触发函数，中心检测系统(时间管理器)会通知一定范围内的所有角色。

其中，采煤2.0适用于轮询，采煤3.0接近事件驱动的方式，采煤4.0是集中与分散联合的驱动方式。虚拟传感器是带干扰噪声的，噪声大小通过传感器标定，需要按照某种规律体现出来，最后均体现在精度感知上。总体来说，从采煤2.0至采煤4.0，信息量由少到多，对应虚拟程序中变量设置的多少；信息可靠性的误差由大到小，对应虚拟程序中感知变量的相关精度。传感网络的可靠性涉及延时并控制决策过程。

虚拟Agent系统可以直接调用相关脚本中定义的各种变量，如采煤机的位置和姿态监测、液压支架的倾角监测以及位移行程传感器等。针对采煤机惯导系统数据，对采煤机在工作面绝对坐标系中的位置及三维姿态进行分析，分别为$\left(x_{\mathrm{zbc}(i)}^{\mathrm{cg}},y_{\mathrm{zbc}(i)}^{\mathrm{cg}},z_{\mathrm{zbc}(i)}^{\mathrm{cg}},\theta_{\mathrm{zbc}(i)}^{\mathrm{cg}},\gamma_{\mathrm{zbc}(i)}^{\mathrm{cg}},\phi_{\mathrm{zbc}(i)}^{\mathrm{cg}}\right)$，再加上传感器标定出来的相关噪声，就可以模拟得到实际运行中实时获得的采煤机运行位姿信息。在未来惯导精度提高后，也可按照高精度和高斯分布以及当前工作面实际定位水平，由用户根据需求输入测定值。

4.5.4　虚拟决策与控制

在设计好感知层后，再设计决策层与控制层，主要完成相关决策及相关动作。采煤机、刮板输送机和液压支架均作为一个机器人，其Agent模型已经建立。从采煤2.0至采煤4.0，决策由程序控制(直接读取数据)、半程序控制(读取+物理感知)再到AI控制(情感融入)。控制的关键是决策发出相关指令后，动作能否到位，且与感知决策控制形成闭环效应。当前感知到刮板输送机和液压支架后，能否按照要求调直到位受很多关键因素的干扰。

采煤2.0决策方式为控制程序通过控制规则进行相关决策与动作，采煤机具有一定的记忆截割能力，液压支架随时读取采煤机相关的运行数据，并采用三机协同方法，按照设定好的规则进行伸收护帮板、移架、推溜等动作；主要通过不同脚本之间变量的读取进行相关交互，根据感知的相关信息和标定范围为变量增加一个标定误差范围内的随机量来表示感知信息的准确度；通过延迟获得数据的帧数来表达实际工作面的时间延迟；通过控制推移变量+一定噪声来实现推移相关的控制。

采煤 3.0 决策方式具备一定的自主运行能力，通过较为复杂的行为树来综合分析确定决策方法，如采煤机能够具备预测截割的能力、软件底层嵌入相关预测截割的能力等。与采煤 2.0 决策方式相比，采煤 3.0 决策方式具备煤层粗略的地图，还具备一定的煤岩识别能力，可综合决策出采煤机的运行策略，同时也能更加精确地控制摇臂截割高度，可参考相关文献中的截割方法[200]。工作面直线度控制包括液压支架和刮板输送机的直线度检测：基于采煤机运行轨迹的刮板输送机形态预测，基于 LASC 数据进行相关调直方面的仿真[226]。

采煤 4.0 融入了更多的机器人和智能化元素，包括视觉扫描、巡检机器人等。基于巡检机器人或视觉扫描数据，通过液压支架间的相关传感器获得各液压支架的姿态，分析其支架间的碰撞和干涉行为。此外，决策与控制方式也添加了一些强化学习的相关模型。采用分布式决策控制方式[283]，没有中心节点，在 Agent 模型已经建立的基础上进行升级，建立深度强化学习 Agent 模型[284]。其模型表示如下：

$\langle A, S, R, P\rangle$

Action space : A

State space : S

Reward: $R : S \times A \times S \rightarrow R$

Transition : $P : S \times A \rightarrow S$

$\langle A, S, R, P\rangle$就是 RL 中经典的四元组。$A$ 代表 Agent 的所有动作；S 是 Agent 所能感知的世界状态（State）；R 是一个实数值，代表奖励或惩罚（Reward）；P 是 Agent 所交互的世界，也称为 model。机器人要根据当前所处的环境及自身的状态，决定其要执行的动作[285]。这些问题总结起来都有一个特点，即智能体需要先观察环境和自身的状态，然后决定要执行的动作，以达到预设的目标[286]。

4.5.5 评价指标构建

所述综采工作面运行评价体系通过 AI 机器人根据输入的装备及地质探测手段智能化参数分析结果进行迭代优化与虚拟预演，根据预演结果对装备运行状态及各参数影响因子进行评估，划分主要因素和次要因素，建立基于多指标协同的综采工作面运行综合评价策略。

“三机”协同以安全高效连续地进行采煤、运输和支护作业为最终目的，在运行过程中收益和付出代价的综合即可反映三机协同的效能。控制三机循环完成一次任务，将调度“三机”在每个阶段完成任务的质量及其健康状态进行量化。在这一过程中，获得收益和付出代价的综合效能指标 J 就是所要优化的目标，其综合考虑安全产量健康等问题。

装备运行状态评估包括采煤机运行状态评估、预测截割轨迹评估、刮板输送机直线度评估、液压支架直线度评估、装备工作空间评估以及煤层顶底板评估。根据采煤机截割部电流、采煤机运行速度等参数对采煤机运行状态进行评估；根据实际截割轨迹对预测截割曲线进行评估；根据刮板输送机与液压支架位姿参数对刮板输送机与液压支架直线度进行评估；对比实际装备工作空间与虚拟装备工作空间，对装备工作空间进行评估；根据实际顶底板信息对所构建的煤层顶底板进行评估；根据装备评估结果对后续综采装备运行状态进行调整。

构建的评价指标模型如图 4-9 所示。采运装备是综采工作面协同运行的主导装备，决定了工作面的生产效率及截割煤层情况，生产效率指标由采煤机牵引速度、刮板输送机负载等来评定，截割煤层情况通过留煤量、割岩量以及健康程度等相关指标综合评定，占据评价体系的 30%。构建的虚拟煤层数据作为基准煤层，截割顶板和截割底板与基准煤层的对比作为健康情况的判定依据，判定方法可根据文献[202]中的采煤机调高动作与煤岩环境耦合模型来判定；生产效率与刮板输送机的负载也可以根据文献[202]中的采煤机牵引速度和刮板输送机运量耦合模型来确定。

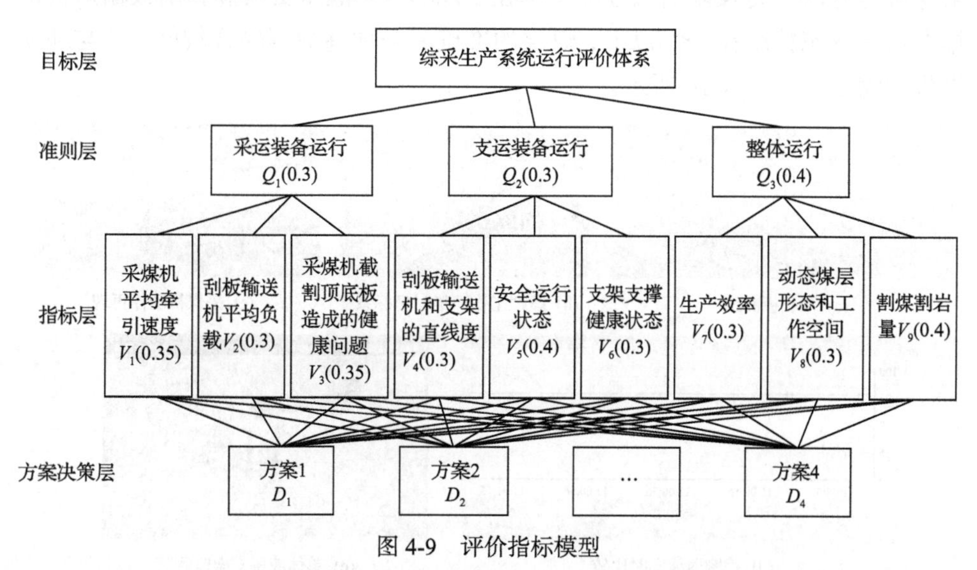

图 4-9　评价指标模型

支运装备决定工作面运行安全程度和运行状态，通过安全效率(平均跟机距离)、最大空顶距离，以及提取出的相关支架群和刮板输送机的直线度、与各支架的健康程度(矿压)相关的装备工作运行空间进行评定，占据评价体系的30%。采煤机的跟机控制与运行耦合模型可以根据文献[202]中的跟机控制与采煤机运行耦合模型来确定，刮板输送机和液压支架的直线度可根据文献[247]中的方法来判定，从中提取各溜槽或者各支架底座信息进行判定，支架的健康程度根据文献[202]中的跟机控制与顶底板耦合模型的支架来判定。

整体运行占据评价体系的40%，主要包括生产煤的质量和效果、最后形成的动态煤层的形态，以及与装备工作运行空间进行实时求解的工作面整体截割的割煤和割岩情况，这些数据可根据4.4节的方法通过虚拟仿真软件直接读取出来，并进行相关的判定。

对以上因素进行迭代和优化求解，进而对整体运行情况进行评定。

4.6 原型系统开发与实验

4.6.1 离线数据预演结果

根据数据首先驱动虚拟采煤机同步运行，描绘出顶底板曲线，并根据相关LASC刮板输送机和液压支架群数据，融合构建虚拟场景，使其离线运行。虚拟场景中导出的运行曲线数据与实际数据相吻合，忽略传感元件的测试精度，采煤机运行的位姿及截割轨迹准确率在90%以上，液压支架群和刮板输送机的排布运行状态精度在78%以上，煤层的准确率与两巷数据融合较好，并与地质报告相吻合，如图4-10所示。

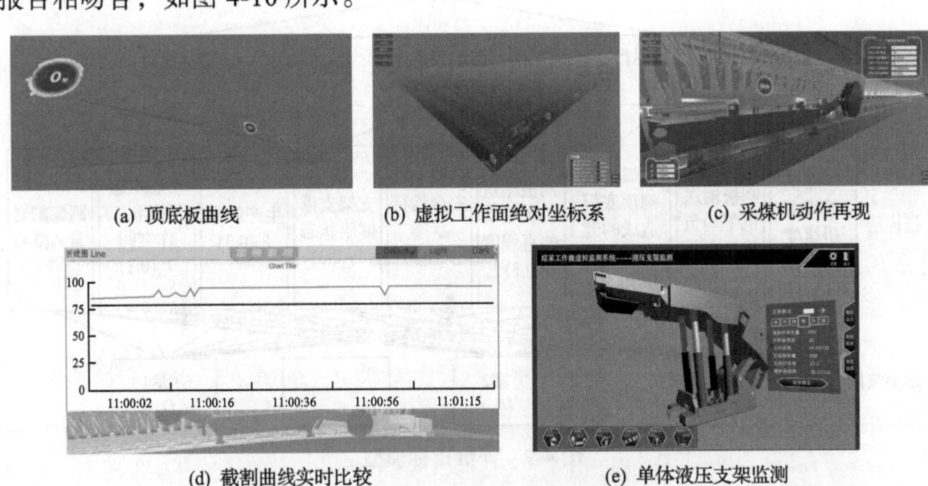

(a) 顶底板曲线　(b) 虚拟工作面绝对坐标系　(c) 采煤机动作再现

(d) 截割曲线实时比较　(e) 单体液压支架监测

图4-10　初始场景构建及离线仿真结果

基于 100 刀数据对后面的几个循环数据进行预测，并基于相似性原理与后续数据进行对比，其符合要求，且煤层与装备截割曲线的对应真实复现了装备的运行状态和煤层形态的实时变化，截割轨迹预测误差在 15%以内，如图 4-11 所示。

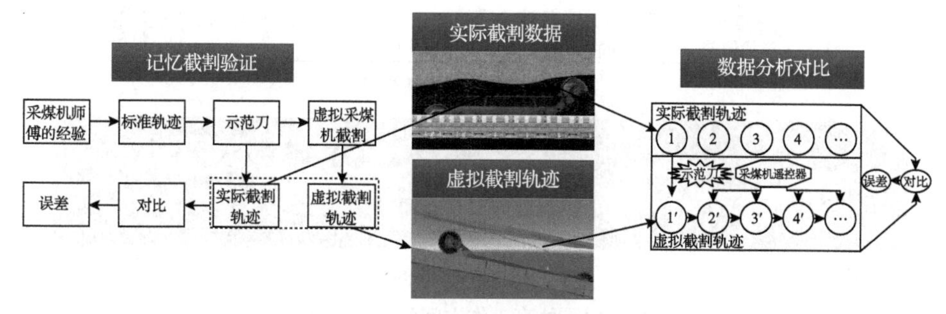

图 4-11　预测煤层情况

4.6.2　离线数据结果分析及工作空间分析

忽略倾角传感器和控制元件的精度。仿真工作空间的评价方法如图 4-12 所示。在 VR 仿真系统(图 4-12(a))中，随着仿真系统的运行逐步构建采煤机的工作空间(图 4-12(b))，即动态煤层、刮板输送机的工作状态轨迹(图 4-12(c))、液压支架的支护空间(图 4-12(d))，对其运行状态、直线度等进行分析。

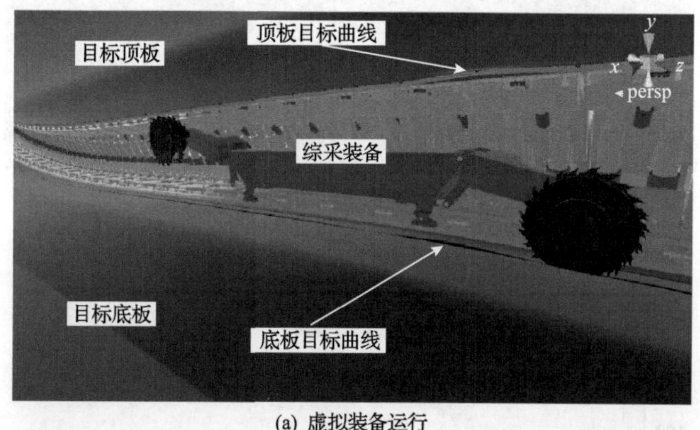

(a) 虚拟装备运行

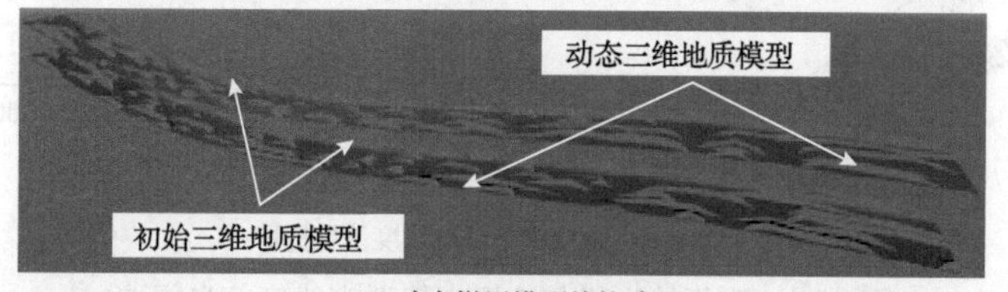

(b) 动态煤层模型的构建

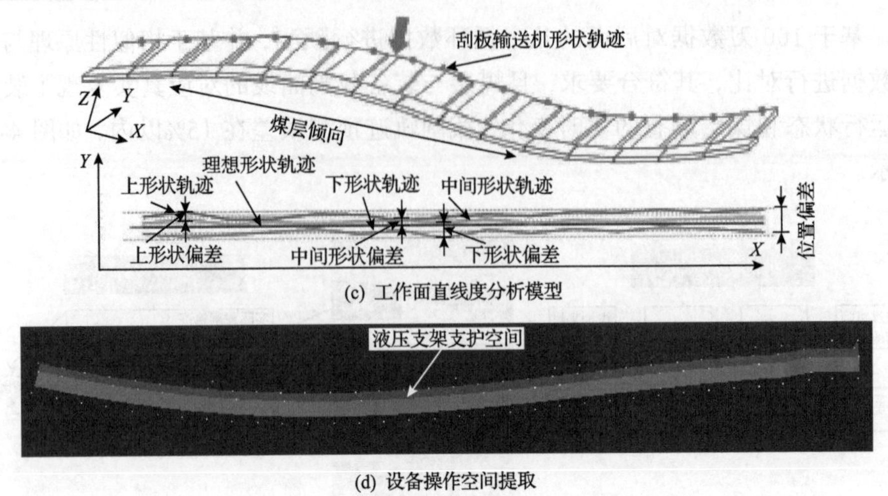

(c) 工作面直线度分析模型

(d) 设备操作空间提取

图 4-12 仿真工作空间的评价方法

在第 50 刀时，导出其工作面实时运行直线度信息，如图 4-13 所示。可以看出，刮板输送机的理想调直轨迹、修正预测轨迹和实际调直轨迹之间的误差

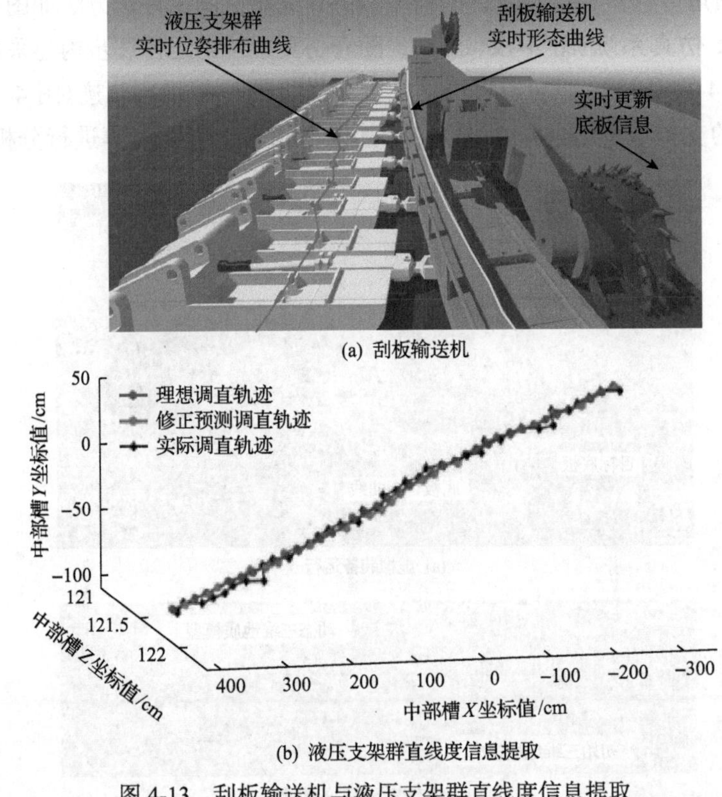

(a) 刮板输送机

(b) 液压支架群直线度信息提取

图 4-13 刮板输送机与液压支架群直线度信息提取

在 0.4cm 之内，预测精度、修正精度、调直精度均比较高。由图 4-13 可以看出，以刮板输送机修正后的预测轨迹为依据，在虚拟环境下对刮板输送机进行调直，刮板输送机调直后的轨迹与预测目标轨迹间的误差为±0.2cm，符合调直精度要求。具有 LASC 系统的直线度情况较好，但存在小幅滞后现象。

4.6.3　不同智能化程度的情况仿真

本次仿真按照智能化 2.0、智能化 3.0 和智能化 4.0 方案分别进行，实验方案设计如表 4-2 所示。三组实验仿真结果如图 4-14 所示。为了更好地观察综采装备的工作空间，在构建工作空间之后将综采装备隐藏，从而分别构建三

表 4-2　实验方案

方案	有无倾角	有无惯导	控制元件精度	自主感知能力	煤岩识别能力	有无深度探测	备注
智能化 2.0	有	无	一般	弱	较差	无	采煤机记忆截割
智能化 3.0	有	有	较高	适中	适中	无	自主运行/人工干预
智能化 4.0	有	有	高	强	强	无	无人工作面/机器人采煤

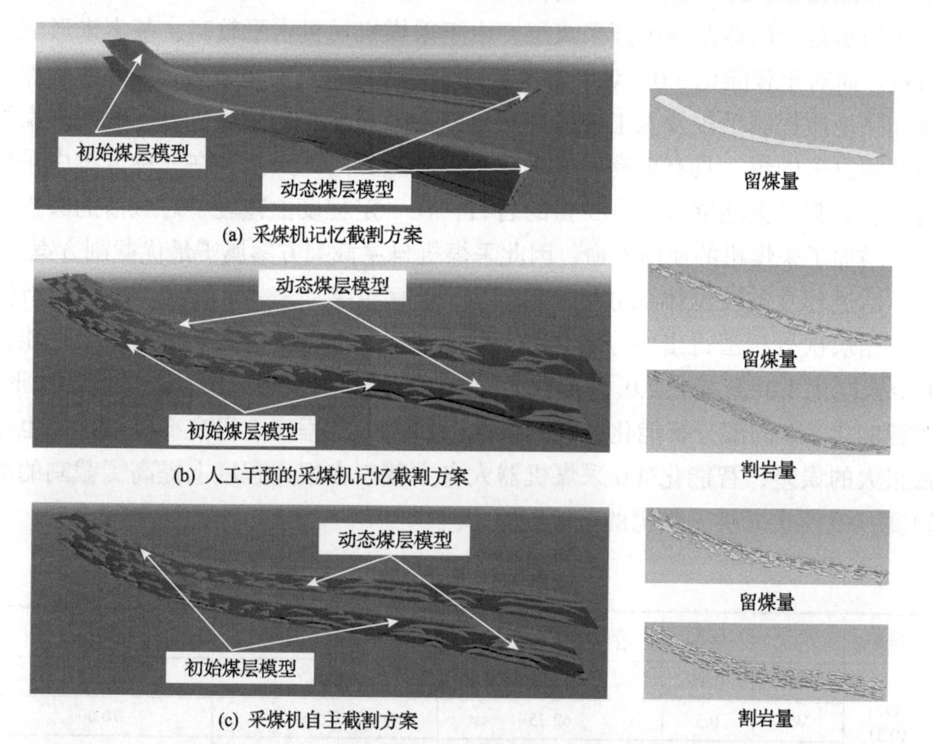

图 4-14　三种截割方案综采装备工作空间三维示意图

种截割方案的综采装备工作空间和动态煤层。

采煤机截割顶板和底板的分析方法是一样的，因此以顶板为例进行误差分析。采煤机的截割误差用平均绝对误差(mean absolute error, MAE)来表示，$\text{MAE}=\sum_{i=1}^{k}\left|Y_i-y_i\right|$，$Y_i$ 表示采煤机截割路径关键点的高度，y_i 表示目标轨迹的高度。将装备运行工作空间和动态煤层模型导入 UG 软件中进行布尔运算，求取留煤量和割岩量，随后将原有三维模型进行隐藏。在界面上依次选择测量体积，分别测得留煤量和割岩量的体积。三种方案的留煤量和割岩量分别如图 4-14 所示，所求体积如表 4-3 所示。其他参数也进行导出。

表 4-3　留煤量和割岩量对比

方案	留煤量/dm^3	割岩量/dm^3
智能化 2.0	106641.98	0
智能化 3.0	44427.07	46150.44
智能化 4.0	34762.41	29534.01

智能化 2.0 截割过程为人工操作采煤机生成示范刀，在之后的工作过程中完全按照示范刀的截割高度开采煤层，由于采煤机司机水平较高，基本未形成割岩量。而对于智能化 3.0，对应留煤量减少，截割岩石明显增多，这表明依然需要加强地质探测手段及人工智能算法研究。经过分析，采煤机自主截割方案能够截割更多的煤，具有更高的回采效率，产生更高的产量；在三种方案中采煤机自主截割方案能够截割到少量的岩石，在一定程度上减轻了对截齿的磨损程度，增加了采煤机的使用寿命，因此采煤机自主截割方案属于最优截割方案。

通过建立的评价体系进行分数计算，计算结果如表 4-4 所示，表中“总计”为根据层次分析法得出的分数，可以看出，截割准确度由高到低依次为智能化 4.0>智能化 3.0>智能化 2.0。智能化 2.0 中的记忆截割很难适应复杂多变的地形，而智能化 3.0 的部分智能化的截割虽然可以在一定程度上提高准确度，但也存在很大的误差，智能化 4.0 采煤机器人自主截割在很大程度上提高了截割的准确度，该模式提供了最优的截割方案。

表 4-4　实验结果

编号	方向	权重	方案 1(智能化 2.0)	方案 2(智能化 3.0)	方案 3(智能化 4.0)
Q1 (0.3)	V1	0.35	76.29	82.57	85.14
	V2	0.3	62.75	67.25	70.00
	V3	0.35	52.95	72.19	74.67

续表

编号	方向	权重	方案1(智能化2.0)	方案2(智能化3.0)	方案3(智能化4.0)
Q2 (0.3)	V4	0.3	62.57	68.86	74.00
	V5	0.4	52.25	55.75	63.75
	V6	0.3	66.29	71.24	81.14
Q3 (0.4)	V7	0.3	80.29	84.00	86.00
	V8	0.3	73.75	79.00	80.25
	V9	0.4	64.57	73.71	75.57
总计	—	—	65.9011	72.9549	76.73385

4.6.4 讨论

MTES打通了实际开采数据与虚拟场景构建的通道，真实复现了综采工作面虚拟开采的运行情况，实现了综采装备在煤层环境下的实时精准位姿关系的透明呈现，通过不同智能化阶段关键的感知决策与控制信息的输入进行仿真与评价，提升了煤炭生产的智能化水平。对于煤炭生产企业、煤机装备制造企业和科技管理工作者，他们可以以各自的视角和使用目的利用该系统达到设计目标。

(1)对于煤炭生产企业，在相应综采智能化的研发过程中，测试感知决策与控制等各种关键技术可以提高整体的工作水平，并做出相关研发计划和时间表，进而优化产能。

(2)对于煤机装备制造企业，可以找到其自身生产装备上的弱点与其他装备和地质环境之间的融合点，从而大幅推进智能化装备的研发与设计。

(3)对于科技管理工作者，利用本系统可以找到煤矿机器人关键技术，得到精准的关键点，立项攻关，以促进煤炭行业科技工作与共性关键技术的突破。

4.7 本章小结

本章对面向“虚实融合 2.0～3.0”的测试与评估系统 MTES 进行了案例研究。研究表明，本系统基于实际运行数据构建的虚拟场景具有高仿真度，用户可通过输入关键信息对智能化 2.0～4.0 工作面整体运行进行仿真并分析评估，为综采智能化发展及“卡脖子”问题指明方向，具体结论如下：

(1)首先在虚拟空间中完成基于实际数据的场景构建与离线仿真，复现综采工作面虚拟运行开采情况。对未来运行状态进行预测分析，使综采装备在煤层环境下的实时精准位姿关系透明呈现，精准确定装备运行信息，提升了煤炭生产自动化、智能化、无人化水平。

(2) MTES 适用于综采装备及智能开采技术全生命周期的升级改造过程，从整体的角度把控工作面设计与运行过程，测试各装备、感知元件、控制元件和各种关键技术的重要性，实现对智能化当前的水平及一些局部的或者某一小方面的技术进步，对工作面整体运行的推进作用进行分析评估，找出关键点和“卡脖子”点，找到矛盾点进行全力攻坚与突破，方便煤炭生产企业找到有预测性的智能化综采思路，快速推进智能化建设。

(3) 建立了煤矿机器人中各装备、感知元件、控制元件的性能与工作面整体运行之间测试的桥梁，提升了装备感知决策和运行能力，虚拟综采装备可以通过轮询与事件驱动感知周围环境，AI 机器人分析系统利用深度强化学习模型在可能出现的结果中选择最优策略，并做出相应的动作，实现了综采机器人的协同运行。

在未来，期望能实现与在线数据的协同联动优化运行，接入实际运行数据并进行评估分析。

第 5 章　面向“虚实融合 3.0～4.0”的闭环协同运行系统

5.1　引　　言

虚实融合 3.0 阶段以实时数据作为驱动，追求虚实系统同步运行，操作人员通过监管精准程度较高的虚拟场景远程管控物理场景。以虚实融合 3.0 的数字化设计为基础，添加虚实融合 4.0 预测、决策、分析、反向控制和人机融合等特征中的部分内容，就形成了闭环协同运行系统。

由于井下工作面生产系统存在很多难题，如智能装备不足、地图准确度低、运维难度大、作业人员与装备集成程度低等，作者基于信息物理系统的基本架构，提出了一种用于煤炭开采行业的闭环协同人工信息物理操作系统 MHCPS。MHCPS 是一个基于 VR 和 AR 的信息系统，该信息系统用于人类与智能物理系统、整个工作面生产过程，以及计算、通信和控制(3C)闭环循环的结合。3C 使集控中心操作人员和巡检人员与物理装备进行交互，共同完成任务。双向信息流网络使系统中的通信变得可靠。为了减轻计算负荷，作者提出了一种融合人与边缘计算的分布式计算模式。在该系统中，融合的 VR 仿真数据、AR 点云信息和传感器信息被实时准确地返回到人机界面。基于复杂计算将传统操作与 VR/AR 人机界面相结合的操作方法，解决了融合多个界面时所导致的冲突问题。

本章主要介绍 MHCPS 的架构、技术实现、原型系统等，其结构安排如下：5.2 节简要介绍 MHCPS 的框架结构；5.3 节阐述 MHCPS 与四种关键技术的实现和交互；5.4 节对人与 3C 融合进行设计，进而实现 MHCPS；5.5 节演示 MHCPS 的原型系统；5.6 节讨论这些技术及其未来的发展方向并给出结论。

5.2　MHCPS 总体框架

5.2.1　整体运作架构

采用人机融合系统的理念构建 CPS 运行框架，其目标是利用 HCPS 的理念，形成由一个人、计算单元和物理对象组成的在网络环境中高度集成交互的矿业新型智能复杂系统。通过计算、通信与物理系统的一体化设计，工作面生产系统更加可靠和高效。

传统 HCPS 包括人、信息系统和物理系统，如图 5-1(a)所示，通过三个系统的集成设计，实现完美合作。因此，为解决上述问题，本章改造和深化了这一模型，提出 MHCPS 运行框架，如图 5-1(b)所示。MHCPS 的整体运行框架主要包括智能综采物理装备群、VR 系统、AR 系统以及两种操作人员。基于相关基础装备、软件和通信技术，两种操作人员与三个系统之间通过信息交互形成了一个闭环运行体系。

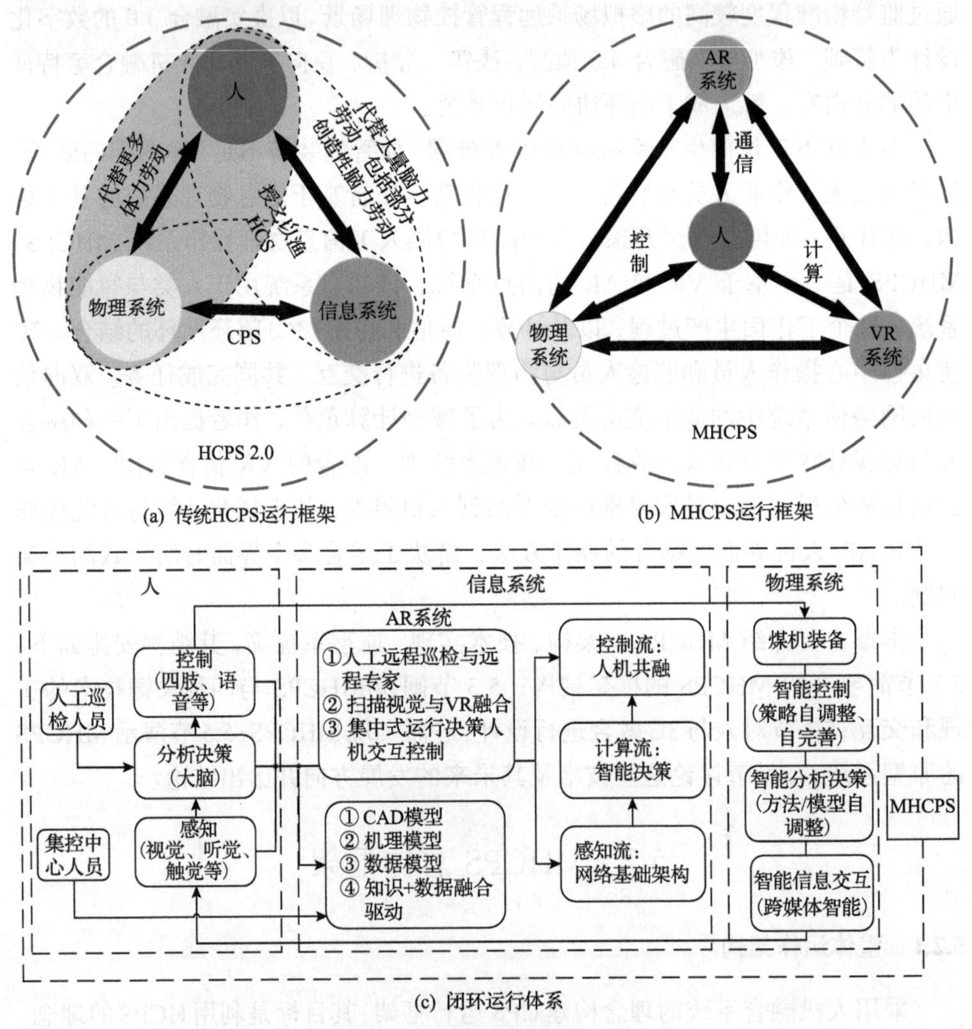

图 5-1　系统的基本运行框架

相比于 HCPS 框架，MHCPS 的信息系统升级成了一个由 VR 系统和 AR 系统两部分组成的信息系统。除了 VR 技术的可视化优点，最重要的是采用 VR 技术可以构建一个能准确描述真实世界的虚拟世界。VR 系统中嵌入了相关的信息机理模型，具有较强的信息计算能力，并且它具有丰富的界面，可以从物理世界中获取实际的操作数据，将这些数据与智能装备融合，在人的监测下自动进行切割、装煤、运输和支护任务。仿真可以预演物理世界中的操作并对操作结果进行优化迭代。此外，虽然 AR 系统计算能力较差，但可以实现虚实融合，提供一个直观的、更好的人机交互界面。当巡检人员戴着 AR 眼镜注视实际工作面装备的运行工况时，AR 眼镜会提供相关装备操作方法以及 VR 运行场景的实时信息和数据标签，以达到辅助决策的目的。因此，可以认为 AR 的基础是 VR，两者共同促进成为 MR 工作面，共同为 MHCPS 服务。

物理系统指的是具有一定智能程度并且能够根据控制程序自动运行的综采装备。两类工作人员包括综采集控中心操作人员和工作面现场巡检人员，前者在控制中心监测整个工作面的运行情况，后者在现场巡视细节，发现一些远程无法得知的问题。

该框架的目的是实现 VR 与 AR 的融合，从而改变人与机器之间的交互方式，最终实现人机共融的 HCPS。

5.2.2　框架操作流程

整体框架运行流程如下：从物理装备开始，通过装备群姿态的实时映射，构建出 VR 系统，然后将拟真的虚拟场景传递给 AR 系统，并且通过基于图形扫描的点云图像信息融合，进一步增强虚拟场景的真实性。基于人机交互，操作人员进行巡检可以获得详细的信息，然后传输给远程专家顾问进行对现场的整体评估。通过人机交互界面控制装备群运行，以操作人员为核心，判断运行是否正确，最后做出决策。

综合 VR 系统、AR 系统以及物理系统各自的优势，尤其是系统中计算分析、精准控制和精确感知带来的优势，使 MHCPS 得到了极大的提升。一方面，煤炭开采行业系统的自动化程度、工作效率、质量、稳定性以及解决复杂问题的能力等各方面均得以显著提升；另一方面，不仅传统操作人员的体力劳动强度进一步降低，更重要的是，人类的部分脑力劳动也可由 VR 系统与 AR 系统组成的信息系统完成，同时构建异地操作人员的互动，使得知识和技能的传播利用以及传承的效率都得以有效提升。

5.2.3 闭环运行关系及效果

基于构建的模型，对通信流、计算流和控制流进行了研究，探讨其运行机制。

通信流：互联互通是计算与控制的基础，需要有独立的信息流。这些信息最终汇聚于 AR 系统，并且将真实场景、VR 场景和物理装备的控制系统融合在一起。同时，信息也从 AR 系统返回，形成双向闭环。

计算流：与控制系统本身交互的结果、来自 VR 驱动的循环融合以及来自人机交互界面的输出量。来自智能装备的传感器数据、VR 仿真数据以及 AR 获得的相关扫描数据最终汇集到 VR 系统中，经过充分的计算和融合，构建出拟真的虚拟场景。

控制流：根据设计的流向与规则，控制流最终流向物理装备。为了理解这一点，需要研究 VR 反向控制、AR 交互控制、人机交互控制以及它们之间的优先级次序。三者的闭环融合，共同推进综采工作面 CPS 运行模式的发展。

在 MHCPS 中，物理系统管理工作面生产过程中的能量流和物质流，并将 VR 系统和 AR 系统组成的信息系统作为工作面生产过程中的信息中心来完成采煤工作。这种模式使人能够感知、分析、决策并且控制物理装备保持最佳的运行状态，而两种操作人员依然是物理系统和信息系统的使用者及管理者。对于系统的最高决策层，系统的运行必须基于操作者的知识和经验，再经过操作者之间的交流研讨做出综合决策。

5.3 系统设计关键技术

信息系统包括 VR 系统和 AR 系统，它表示物理空间中所有元素和个体的精确同步与建模，这是实现 MHCPS 的基础。为了实现这一点，有四个基本要求：

(1) 物理装备具备一定智能程度。

(2) VR 系统需构建高精度的虚拟仿真画面，其内部必须具有丰富的理论模型。

(3) AR 系统必须获得额外的感知信息，这些信息能和人的各种感官交织在一起。

(4) 两种操作人员必须与三大系统无缝结合。

5.3.1 智能综采装备设计关键技术

智能综采装备需要具备智能感知、智能决策以及智能控制三种功能。

(1)智能感知：每件智能装备必须具有多种传感器(包括位姿、性能、视觉等)、嵌入式控制器、执行器以及人机交互装备。各种传感器可以采集装备运行时的数据以及生产现场的环境数据。

(2)智能决策：目前，井下综采装备仍然以电力控制为主，工作面生产过程的数据由多个传感器实时采集，这有助于实现基于装备数据的决策和分析。为了实现一定程度的自适应决策，必须对多个传感器采集的数据进行实时数据处理、决策以及分析。

(3)智能控制：每台支架和采煤机都配备的中央控制器均属于边缘计算组件的领域，这些边缘计算控制器可以独立地监测自身的动作，完成动作控制程序的预处理。基本上所有的装备信号都能被集中监测和控制。通过结合实时位置和姿态信息，采煤机和液压支架可以在一个固定的PLC程序或者其他控制器的控制下协同工作。综采装备传感器的构成、信息传输和集成示意图如图5-2所示。

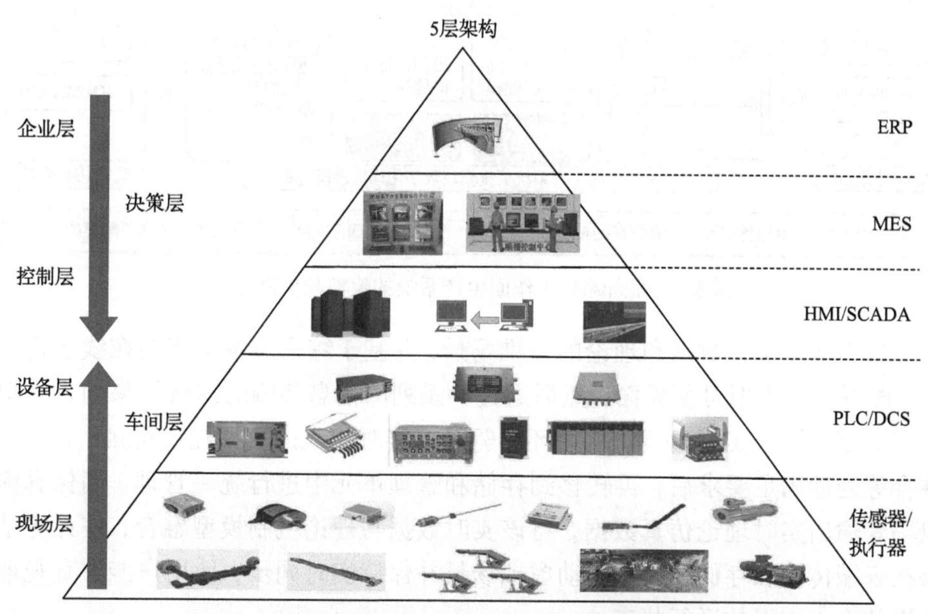

图5-2　综采装备传感器的构成、信息传输和集成示意图

SCADA为数据采集与监控系统；DCS为集散式控制系统

5.3.2　VR系统设计关键技术

理论模型驱动的高保真虚拟场景的构建及数据融合驱动的VR工作面等关键技术有待进一步发展和完善。

如图 5-3 所示，为了构建高保真的虚拟场景，将 CAD 中开发的模型导入 Unity3D 软件中，建立装备之间的父子关系，然后在运行的脚本中对各种理论模型(包括姿态的大数据分析模型及姿态耦合分析的理论模型)进行编程。利用这些理论模型，虚拟模型可以根据物理装备的动作和行为准确地产生相应的动作和行为，然后匹配各个装备以形成一个系统，在系统的底层嵌入各种理论模型，如采煤机的高效虚拟记忆切割、液压支架群的记忆姿态和刮板输送机的形状预测等，都为高保真虚拟场景的构建提供了支持。

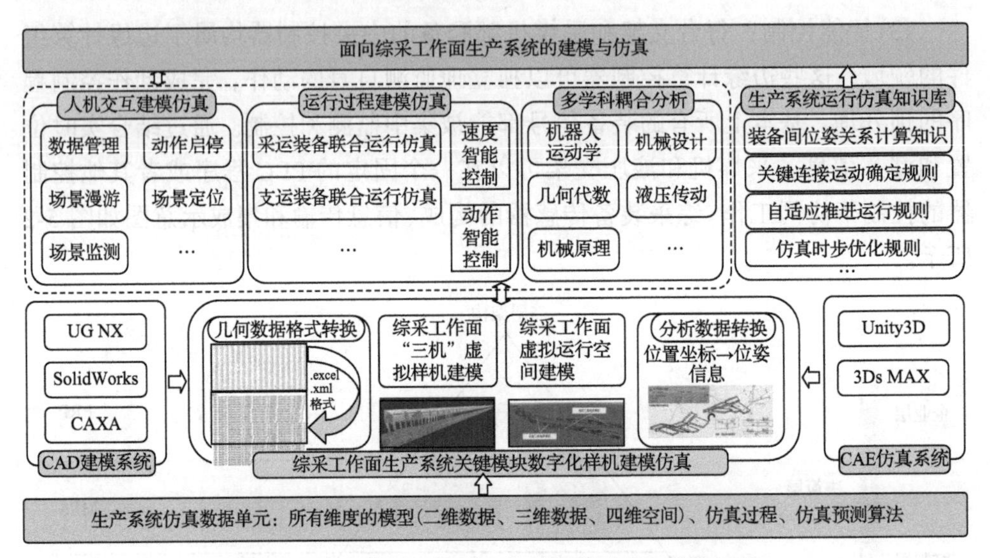

图 5-3 面向综采工作面生产系统的建模与仿真过程

建立基于实时数据和理论的三维场景，并基于综采装备采集的在线运行数据，配置一个虚拟可变界面，然后通过一系列的信息传输通道将结果输入虚拟监测界面，用于实时运行仿真循环和驱动。实时输入的数据经过拼接、清洗、融合等处理满足要求后，再转移到存储和管理单元中进行统一管理。高保真虚拟场景输出实时理论仿真数据，将该实时数据与理论机制模型融合，将计算结果在云端传输和存储，进而驱动虚拟场景并保持实时同步，使用户能够直观地监视整个工作面的运行状态。

5.3.3 AR 系统设计关键技术

AR 系统是人机交互应用中最方便的界面，并且起着中介通道的作用。因此，巡检人员配备了 AR 眼镜(HoloLens2)。AR 系统的功能是交流交互及处理感知数据，并完成以下任务：

(1)精确地识别哪些装备在当前的视野中，并且在检查过程中选择与这些装备相关的感知信息。VR 场景经过处理后会叠加到巡检人员视野中的真实场景上。

(2)AR 眼镜也可充当传感器，获取可实时处理的视觉信息，然后用于虚实融合交互。

(3)通过 AR 眼镜实现与中央控制中心的操作人员的远程交互。

需要按照以下流程完成相关设计。

(1)VR 场景与真实融合标准。在巡检过程中，有必要首先对每一台装备进行识别，然后自动识别液压支架的序号。为了实现这一点，提出一种基于稀疏匹配的目标识别和追踪方法。为了找到足够的特征点来代表目标装备，采用稀松匹配法从装备的序号中区分目标装备。

(2)识别运行中感知信息及显示 VR 运行界面。在识别出装备类型和型号后，需要与其余的传感信息进行连接，以便于关键信息可以叠加到物理对象上。这种通信需要通过 3C 信息传输通道来建立。在显示出感知信息后，VR 虚拟监测界面需要实时同步到 HoloLens2 上，以便于巡检人员能够实时判断运行状态并做出相应的决策。

(3)提取关键信息。AR 眼镜由于具有深度图像扫描器，还可以用于分析和识别图像内的景深，尤其在获取液压支架等多个装备之间的相对姿态关系方面特别有用。这些信息是智能装备和液压支架上的实时感知系统所缺失的重要信息。巡检人员佩戴 HoloLens2，显示 AR 界面，并为每五台液压支架布置一台 Azure Kinect(一种 RGB-D 相机)。这两种方法分别采集装备的点云数据并进行融合。通过佩戴 AR 眼镜，巡检人员能够获得整个工作面的坐标信息，但是其精度有限。在每几台支架中间布置的 Azure Kinect 装备能获得精准信息，但是它的可视化范围有限。通过将两种装备融合，能够获得清晰的工作面点云数据信息，为精确识别装备的位置和姿态奠定基础，如图 5-4 所示。

(4)远程互助。AR 技术具有虚拟世界和现实世界融合的固有特征和优势。将真实场景与虚拟信息相结合，使 AR 技术能够增加可传输的信息量并提高远程通信的效率。可以建立多终端远程 AR 视频会议系统，实现远程监控、远程标示及其他远程协同工作。巡检人员只需要穿戴一副 AR 眼镜，如 HoloLens2，控制中心的操作人员就可以在系统中查看其他参与者正在使用的装备所采集的实时视频画面，有助于控制中心了解远程工作人员周围的工作情况，并且能够促使虚拟全息增强信息与其他工作人员所看到的真实场景进行结合。这些功

(a) 物理装备

(b) 扫描成三角网格格式

(c) 经过处理后的综采装备点云形式

图 5-4 HoloLens2、三角形 Mesh 网格效果及经处理后的综采装备三维点云

能有助于实现远程协作和指导。该系统利用 AR 全息影像进行实时视频直播和可视化指导，使远程通信更加高效。

5.4 通信、计算和控制流向及融合关键技术

在阐述关键技术及建立操作者与三个系统之间的关系之后，必须说明 3C，即通信、计算、控制组件之间存在的问题，这些内在的关系通过图 5-1 中的连接箭头表示。

3C 运行的目的是实现人与 3C 的无缝结合，为了实现这一目的，需要满足以下三个要求：

(1) 需要一个通信平台保障各个模块之间实现完美的信息交互。

(2) 在传递信息的基础上，应该具有更稳定、更快的计算过程，保证输出结果的可靠性。

(3) 智能运行控制系统、VR 系统和 AR 系统的融合结果必须反馈给操作人员，以进一步指导操作者的决策，这些措施使系统的控制更加可靠有效。

5.4.1 通信方法

1) 网络基础架构

建立有线通信与无线通信相结合的通信网络。该系统在井下环境中实现了物理装备、控制中心的操作人员以及巡检人员三者之间可靠的通信和信息交互，如图 5-5 所示。

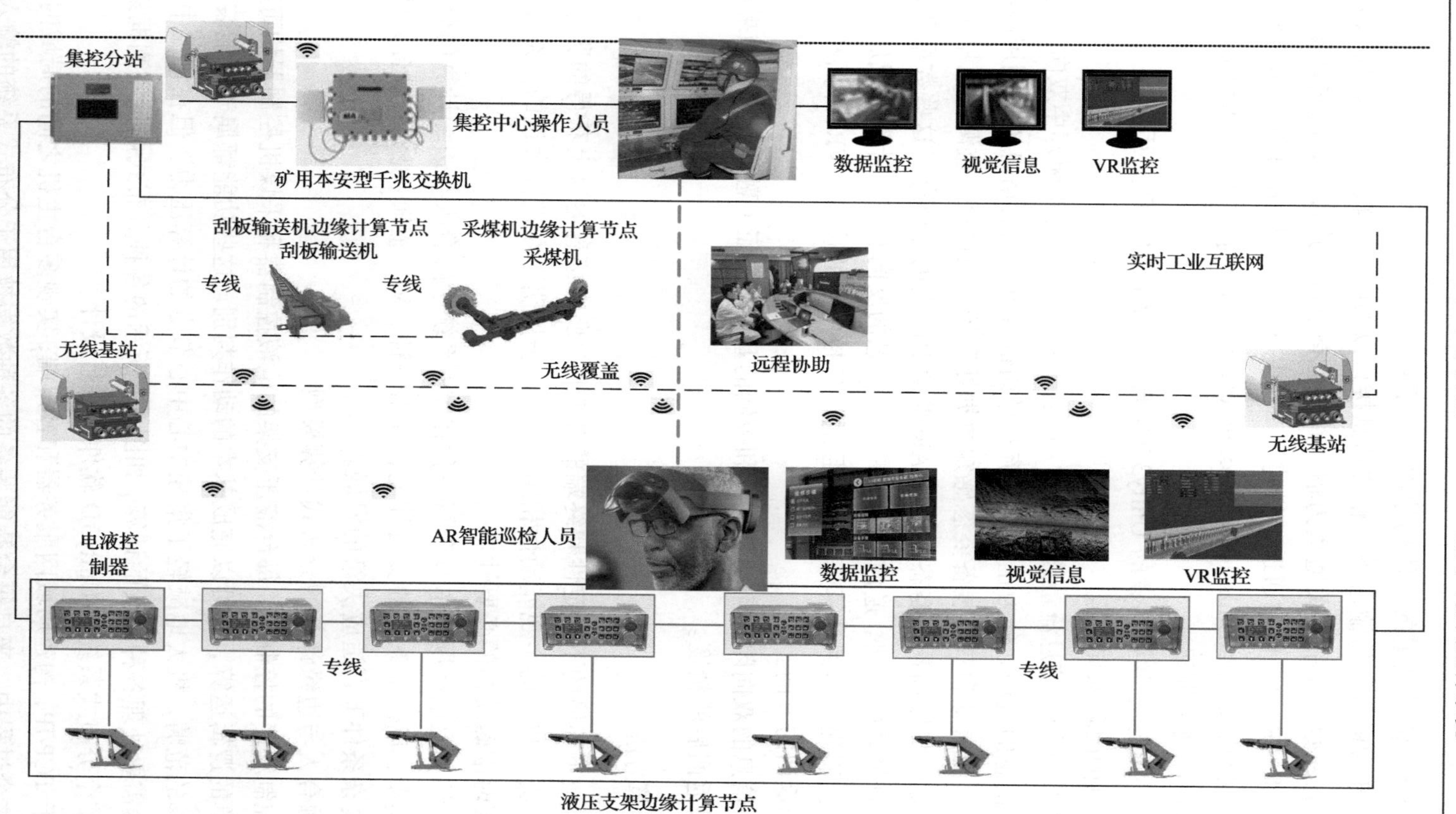

图 5-5　网络连接基础与连接关系

VR 与 AR 传输通道的具体构建内容如下：

(1) 对于 VR 信息传输通道，相关信息接口以 Unity3D 软件为主，以 XML 和 SQL Server 数据库的相关通道为辅，并且也有串口等连接形式的物理接口。

(2) 对于 AR 信息传输通道，搭建了一种基于 Unity3D 软件的通用传输控制协议/互联网协议(transmission control protocol/internet protocol，TCP/IP)客户端及云服务器网络框架。

VR 和 AR 通过融合两者的 Unity3D 实现了跨平台的信息交互。

2) 信息的闭环双向交互

如图 5-1 所示，信息流最终汇集在 AR 巡检人员处，信息在闭环中双向传递。

根据信息的流向，分为正向信息流和逆向信息流。正向信息流从利用网络系统采集监测信息和获得装备姿态感知数据处开始，在这里，监测信息用于构建 VR 仿真中虚拟场景的姿态，然后 AR 眼镜中产生视觉信息。这些数据和信息源是计算处理的基础。逆向信息流是控制信息的反向驱动。计算完成后，通过计算机控制程序返回计算信息，并且通过集控中心的按钮、VR 界面和 AR 手势给予返回的方向。

这种信息的双向闭环流动是计算和控制的基础，保证了融合计算的结果和控制结果返回后的精度。

5.4.2 计算方法

面对地下环境的不确定性和终端的多变性，所有信息通道上获得的所有感知信息都必须与人的主观能动性相结合，进一步说明了在进行大量的复杂计算时保持实时准确反馈的必要性。

为了解决上述问题，本节介绍一种在 VR 系统中融合人与边缘计算的分布式计算模型，以保证系统的实时性能；提出一种“VR+感知+视觉”融合方法，以推动复杂条件下自适应决策的发展。

1) 融合人与边缘计算的分布式计算模型

在控制程序的控制下，每台液压支架的电液控制器和采煤机控制器均可以完成简单的逻辑运算，并可以完成基本的动作判别。这些功能都属于智能装备边缘计算的范畴，极大地减轻了集控中心中心节点的计算压力。但在集控中心中，仍然需要处理各种复杂的计算，如图 5-6 所示的各种分布式虚拟监测框架。同时，整个分布式系统在 Unity3D 软件中进行设计。

基于 TCP/IP，构建局域网服务器和客户端，实现多台主机之间的局域网连接。在这个过程中，来自每台智能装备的各种数据被用于分布式系统的输入，

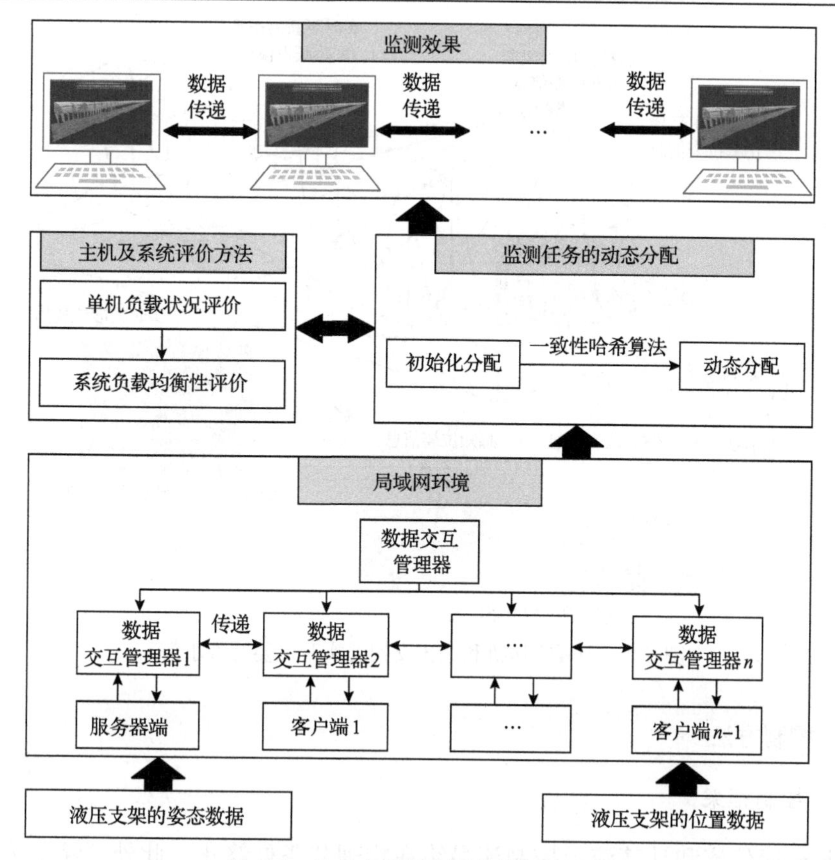

图5-6　分布式虚拟监测总体框架设计

然后建立数据之间融合的方法，以实现多台主机之间的数据交互。增加任务调度方法，并且采用基于一致的哈希算法的动态分配方法均衡多个主机之间的负载。同时，建立系统评估方法，用于实时监测系统的运行状态，并且当系统出现负载不均衡的问题时，该系统可以随时自动地调整分配给每台主机的任务量。

2）“VR+感知+视觉”融合方法

通过AR眼镜的扫描功能获得的位置和姿态的可视化点云信息也进行了实时处理。基于Unity3D软件中的物理引擎，通过对综采工作面进行仿真，获得VR仿真数据。在巡检人员的AR眼镜中清楚地显示了融合后的三种信息。将这三种信息进行融合，最终可得到装备实时精准的位姿信息（图5-7），可描述为“视觉信息+仿真位姿信息+感知位姿信息=实时精准位姿信息”。

这样使得迭代控制的结果与真实视觉融合，并且促进了与远程专家之间的合作。计算的结果经过反复迭代，最终结果作为实时双向反馈输入控制流中。

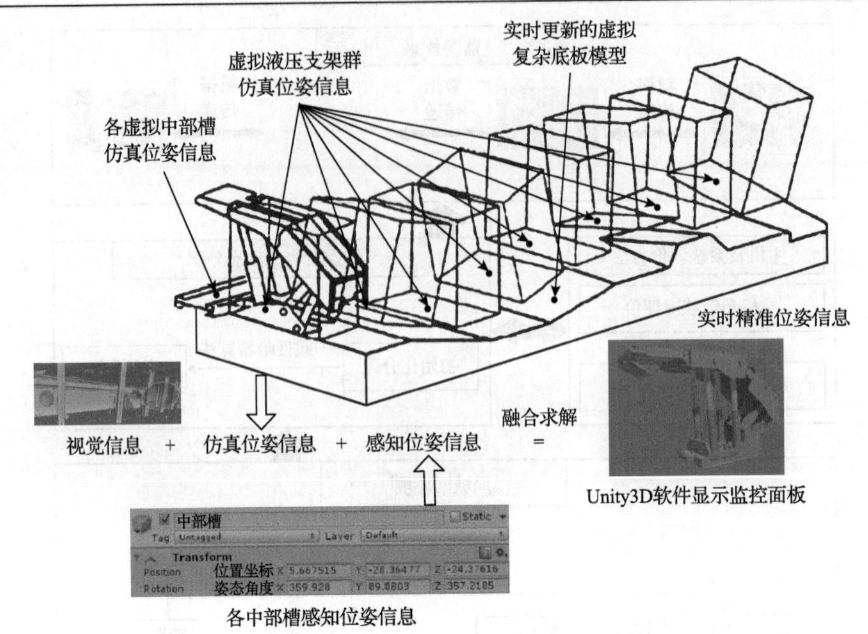

图 5-7　刮板输送机和液压支架群实时位姿精准求解

5.4.3　控制方法

1. 控制框架

基于通信流和计算流，控制流最终在物理装备处终止。此外，除了传统的远程控制台和按钮手柄控制之外，还需要探索 VR 反向控制、AR 交互控制、人机交互控制以及它们之间的顺序，使控制效率更高。

“虚实融合”数字孪生数据通道框架以多传感器物理综采装备、服务器、HoloLens2 为基础，利用数字综采装备的数字孪生数据通道实现虚拟场景与真实世界的融合。该框架的结构如图 5-8 所示。通过数字孪生数据通道，实现了 AR/VR 融合驱动的综采工作面的虚实映射监测。

2. 传统控制方法

两种传统的交互方法仍然是最可靠的控制方法。在集控中心，操作人员通过远程操作手柄和相关的按钮对装备进行控制和交互。按钮与 PLC 相连，并且通过专线的网络模块与智能装备相连，以便于智能装备接收和响应控制命令。在巡检过程中，操作人员可以通过直接驱动液压支架的液电控制器及采煤机的远程控制手柄纠正装备的动作。但是，这两种传统的交互方式之间是没有交互的。

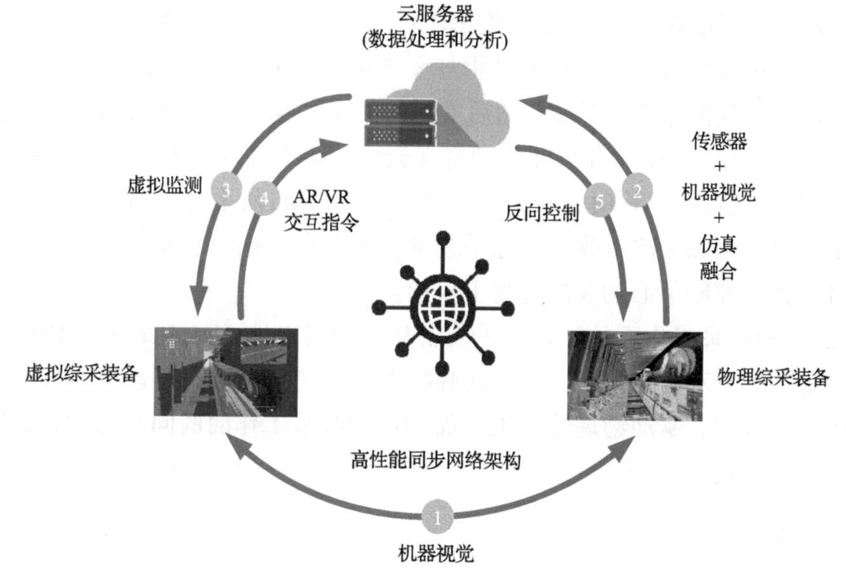

图5-8　“虚实融合”数字孪生数据通道架构

3. VR/AR 控制方法

控制中心的操作人员和巡检人员之间的虚拟交互必须无缝设计。集控中心采用基于UGUI的交互方式进行虚拟控制。这种交互方式类似于集控平台上的控制，通过按下虚拟UGUI上的按钮，就可以控制采煤机和液压支架。在反向控制时，必须使用控制命令和按钮。在命令发出后，必须在3s内按下命令允许按钮，以防止误操作等问题。VR人机交互界面如图5-9所示。

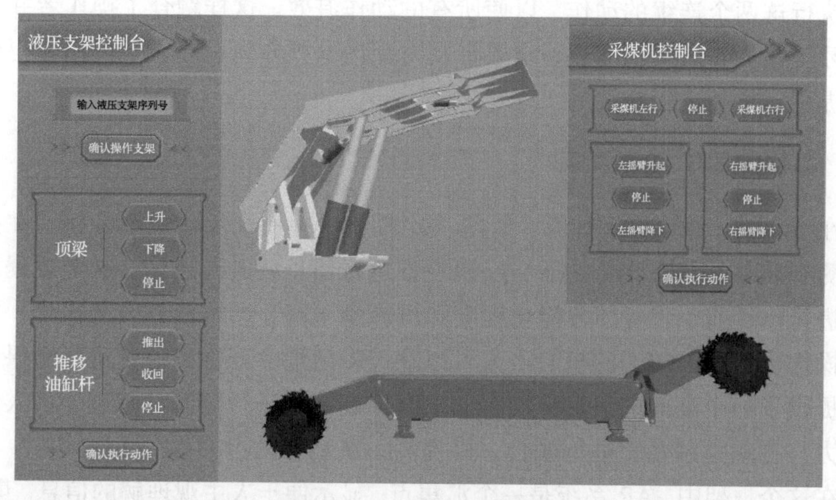

图5-9　VR人机交互界面

巡检人员可以执行 AR 反向控制动作。AR 监测本质上是由两个与数据流方向相反的过程组成。反向控制逻辑如图 5-8 中的④和⑤两条路径所示。用户通过人机交互控制来改变数据，然后实际综采工作面接收到该数据并驱动装备执行相应的动作。数据的分析和处理将在云服务器上完成。具体实施原理如下：

(1) 巡检人员在巡检时，通过 AR 交互界面、自然手势、语音以及凝视检测，使用 HoloLens2 控制数字化综采装备，随着数字化综采装备位置状态的改变实时上传到控制中心的 VR 监测主机中。

(2) 物理综采工作面的物理综采装备从云端读取被 HoloLens2 上传的虚拟综采装备的位置和姿态信息，随后这些数据被送到采煤机控制系统和液压支架电液控制系统中，驱动物理综采工作面和虚拟综采工作面的同步运动，实现由虚到实的远程反向控制。

4. 控制优先级

Unity3D 软件是结合传统控制和 VR 控制的核心，它需要解决冲突以实现多种控制方法的融合。根据控制系统的工作原理，应该根据预先设定的规则进行排序。例如，巡检人员输入的本地操作命令比集控中心的远程控制命令应该有更高的优先级。

系统中的冗余设计是防止误操作的关键，传统的按钮手柄使用心跳装置操作，要求集控中心的操作人员至少每 10min 按一下此按钮，只有满足此条件，才能不断地操作所有控制按钮。但在 UGUI 中，使用者单击 VR 控制界面中的按钮之后，还需要单击“指令许可”按钮。巡检人员在使用 AR 交互界面时，应该执行这两个连续的动作，以使所有的动作有效。这样融合了操作者并形成了闭环反馈。如果操作不当，结果将及时反馈给操作者，以便于操作者得到相关的提醒，重新进行相关的工作。

5.4.4 操作人员与 3C 的关系

在 3C 中，通信保证计算，计算决定控制，控制又反作用于装备。在控制器监测到装备的状态变化之后，反馈装备运行信息并进行通信。这个过程反复循环进行。目前，装备的智能化程度和可靠性不高，严重依靠人的操作，并且人的操作仍然是 HCPS 的核心。人可以在 VR 场景中分析和检查运行结果，这至少提供了一个高效的信息界面。人根据控制结果进行监测和控制，将人的先天能力与自动控制系统进行融合，以提高系统动作的可靠性。

在这个框架中，AR 系统是一个汇集点，显示便于人主观理解的信息。最终，

AR 界面作用于智能装备，促进协同工作。通信和计算是基础，遥控是根本，集控中心操作人员和巡检人员需要进行交互以共同维护 MHCPS 的平稳运行。

在整个系统中，操作人员的角色将逐渐由操作者转变为监管者，并且他们将成为影响工作面生产系统能动性的最大因素。由于劳动的限制、人工成本的增长以及较大的安全顾虑，需要优化人员配置并提高人工作业与机器作业的同步性，以实现高效协作。

5.5　原型系统开发和实验

5.5.1　原型系统开发

在实验室中完成原型系统的设计，并根据通信网络层对系统的功能进行评估。在液压支架群上安装姿态测量传感器和超带宽(ultrawideband, UWB)定位基站。在采煤机上安装惯性导航，并通过无线传输将姿态数据传输给控制中心的工业计算机上。控制中心安装了分布式 VR 监测系统，并设置了远程操作按钮。巡检人员在巡检时佩戴 HoloLens2，并通过网络，使用 AR 与集控中心联系。

该系统采用 Unity3D 软件进行设计，相应模块如图 5-10 所示。

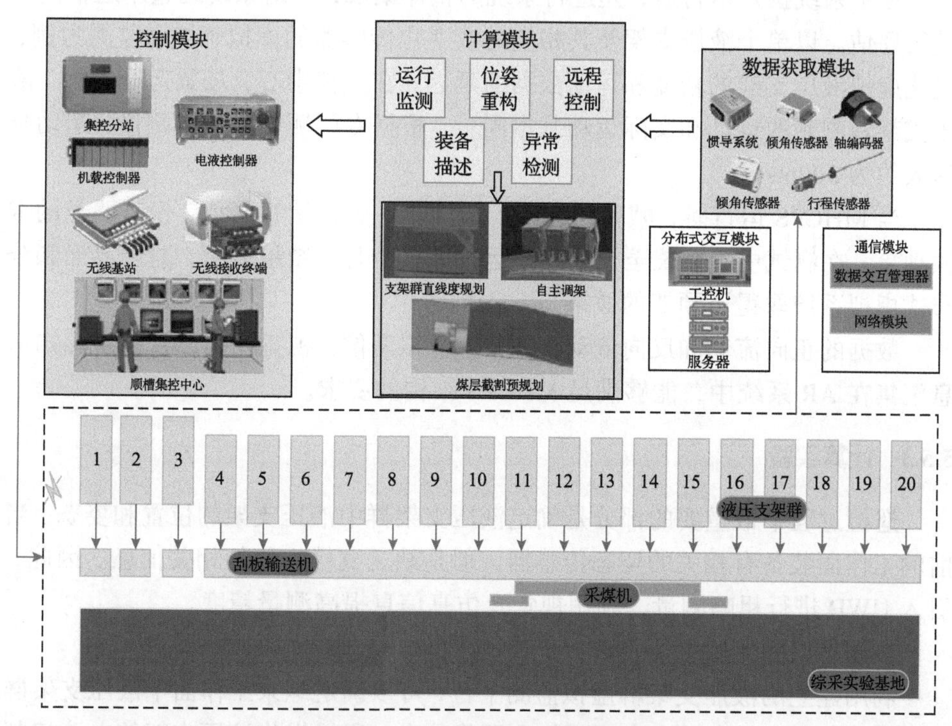

图 5-10　综采成套实验系统改造

各模块的功能具体如下。

(1) 通信模块主要负责在 Unity3D 软件中与传感信息和视觉信息的网络同步。其中，数据交互管理器负责网络中交互数据的生成和删除；网络模块负责建立客户端和服务器端，以实现网络环境的建立。

(2) 分布式交互模块主要负责系统中有关监测任务的信息的通信。该模块可获取当前主机的负载状态，并且当它为服务器时，还负责获取所有客户端的运行状态，对比所有主机的运行状况，然后基于评价结果，对所有主机的监测任务进行动态分配。

(3) 数据获取模块主要负责 Unity3D 软件与外部数据进行通信。该模块从数据库中获取装备组的姿态数据，通过串口读取测距模块的数据帧并对数据帧进行解析。

(4) 计算模块主要负责处理装备位置和姿态数据，具体为获取已解析的位置和姿态、AR 信息，并对数据进行处理。

(5) 控制模块主要负责三种综采装备的控制。

5.5.2 通信实验

在子系统投入运行后，先进行系统的整体集成，再对系统的整个通信网络进行评估。以单个液压支架及其相应的数字化传感器的虚拟感知和监测为例，量化虚拟液压支架的精度和运动数据的延迟。在集控中心，场景运行平稳，液压支架观测到的运动和实际运动基本同步，根据专门测试系统的测量，运动延迟大约为 300ms。

当 MHCPS 运行时，帧率始终大于 30 帧/s，整体运行平稳，没有明显的卡顿现象。在测试中，系统至少平稳地运行了一个月。结果表明，监测界面和分布式虚拟系统取得了预期的效果。

数据的正向流动和反向流动均正常。虚拟图像、视觉扫描以及装备感知信息汇集在 AR 系统中，能够满足 MHCPS 结构的要求。

5.5.3 计算实验

巡检过程中最重要的部分是确定液压支架群中液压支架的位置和姿态。当前的工作面装备有相关的姿态传感器，但是缺乏支撑定位的相关信息。因此，引入 UWB 进行粗略测量，利用视觉及仿真信息提高测量精度。

1) 姿态监测实验

利用建立的液压支架群虚拟监测平台，可以确定综采工作面中液压支架群的姿态。这些测量方法融合了感知和图像信息，通过操作液压支架的电液控制阀控制支承板的折叠和展开以及支架的升降，并且可以在虚拟监测界面监测液压支架的状态。图 5-11 展示了对液压支架的下降和支撑板的展开的监测情况。

(a) 液压支架降架前初始状态

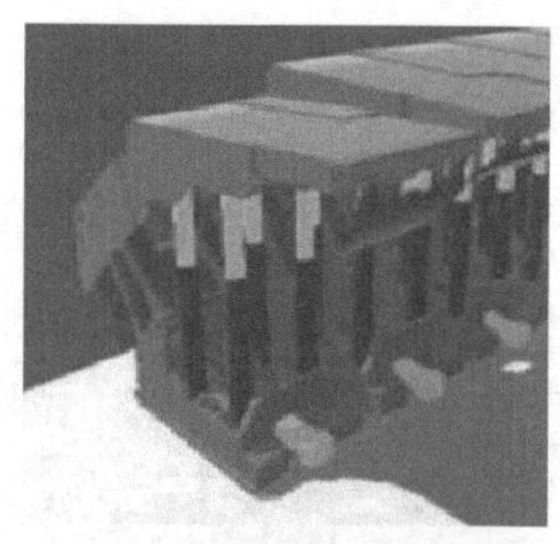

(b) 支架模型降架前初始状态

(c) 液压支架伸护帮前初始状态

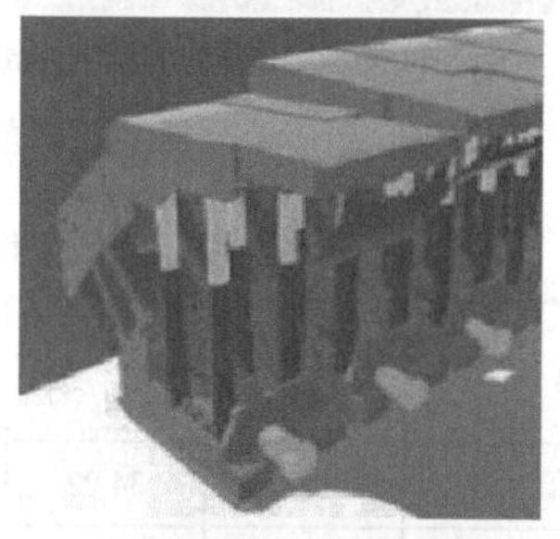

(d) 支架模型伸护帮前初始状态

(e) 液压支架降架状态

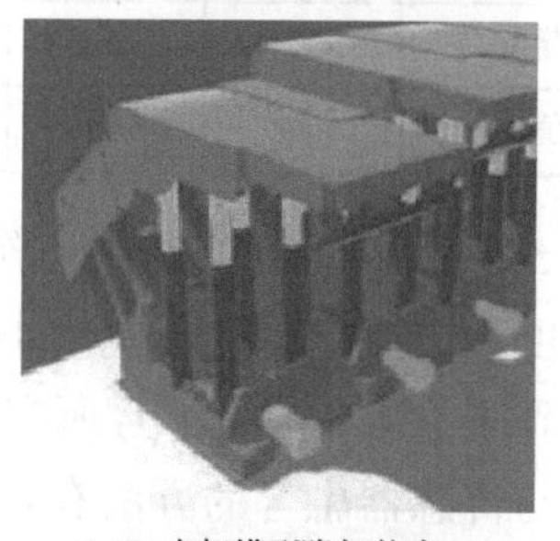

(f) 支架模型降架状态

(g) 液压支架伸护帮状态

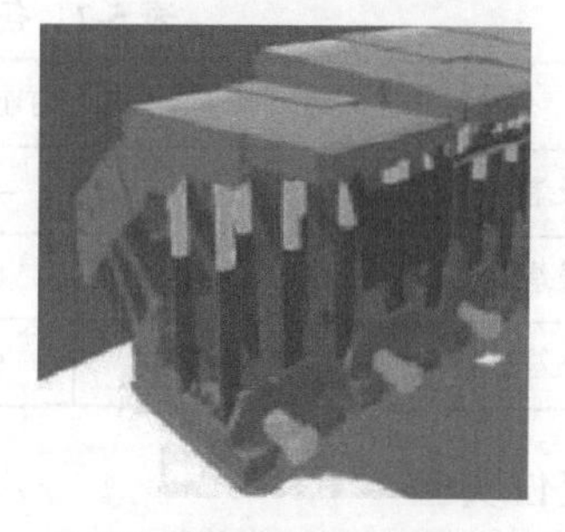

(h) 支架模型伸护帮状态

图 5-11　液压支架降架与伸护帮状态监测

在监测过程中，系统运行良好，并且没有明显的卡顿现象。在操作过程中，还分析和处理了传感器值和可视化点云图像(图 5-12)，其结果如表 5-1 所示。

(a) 空间锚点测量液压支架支护高度

(b) 由哈希算法获取的液压支架角点

图 5-12 利用哈希算法获取的液压支架空间锚点测量液压支架的高度

表 5-1 姿态实际测量数据、点云测量数据与两者融合对比

参数	顶梁倾角/(°)	掩护梁倾角/(°)	前连杆倾角/(°)	后连杆倾角/(°)	前立柱倾角/(°)	后立柱倾角/(°)	支护高度/m
实际值	1.90	34.02	41.75	54.01	85.62	89.61	2.917
传感信息数值	1.84	34.5	41.67	54.28	—	—	2.792
点云测量值	1.9576	33.9067	41.8280	53.6605	85.0283	89.5761	2.835
融合值	1.897	34.19	41.81	53.91	85.41	89.55	2.879

由表 5-2 可以看出，当传感器作为唯一信号源时，顶梁倾角的误差大于 3%，而其他角度和支撑高度的误差均小于 3%。当融合感知信息和点云数据时，姿态精度得到了显著的提高，且所有的误差都小于 1%。结果表明，AR 扫描的效果良好，与传感器融合的方法有效地改善了装备的姿态信息。

表 5-2 各姿态参数误差对比

参数	顶梁倾角	掩护梁倾角	前连杆倾角	后连杆倾角	前立柱倾角	后立柱倾角	支护高度
传感信息误差/%	−3.16	1.41	−0.19	0.50	—	—	−4.29
视觉信息误差/%	3.03	−0.33	0.19	−0.65	−0.69	−0.04	−2.81
融合信息误差/%	−0.16	0.50	0.14	−0.19	−0.25	−0.07	−1.30

2)定位实验

实验的基本流程如下：

(1)利用 UWB 定位方法对每台液压支架的大概位置信息进行测量和校准。

(2)将VR仿真结果与AR深度信息进行融合,以测量液压支架的精确位置信息。

(3)利用浮动连接关系处理算法，根据采煤机的姿态，间接求出刮板输送机的形状信息，以获得液压支架群的虚拟仿真位置信息。

(4)利用虚拟仿真姿态信息，求解出液压支架位姿的大致范围。

(5)通过HoloLens2，获得可视化深度点云，从而清晰地显示出多个相邻液压支架的相对姿态。在深度点云信息的补充下，VR仿真能够提取液压支架的绝对姿态信息，然后对三种方法的测量结果进行比较。

液压支架位置排布测量实验如图5-13所示。由图可以看出，利用UWB定位方法确定液压支架的位置时，在已计算的坐标系中仍然存在一定的误差，*X*轴和*Y*轴的测量误差分别为0.24m和0.15m。因此，UWB定位方法只能对液压支架群进行粗略定位，但是这也足够为支架群的多源数据融合奠定基础。通过融合虚拟仿真和相关的图像信息，可以获得液压支架群更加精确的相对位置和姿态信息,并且定位效果明显改善,*X*轴和*Y*轴的测量误差分别减小到0.047m和0.032m。VR单元的数据融合显著地提高了计算精度。

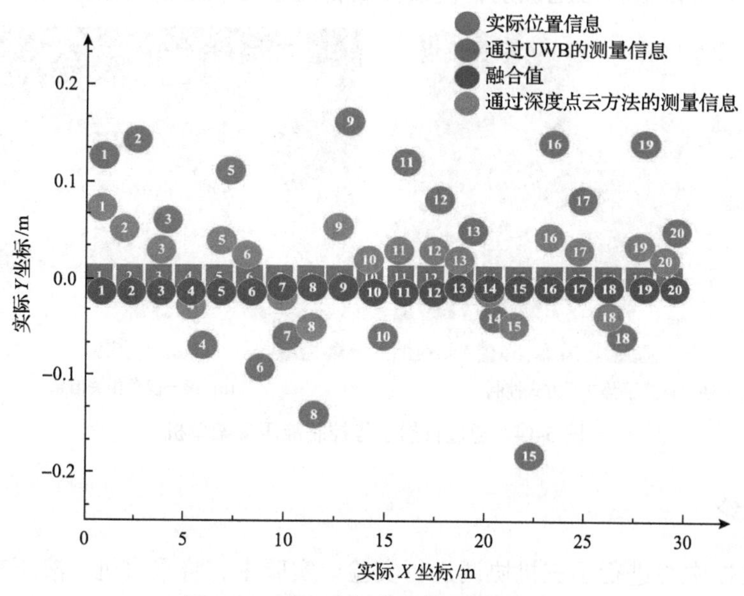

图5-13 液压支架位置排布测量实验

通过三种信息的融合确定液压支架的位置和姿态的方法解决了液压支架组直线度测量中存在的问题，并且其还提供信息帮助巡检人员在巡检过程中解决隐患和问题，使巡检更加彻底和高效。

5.5.4 控制实验

基于三维监测的模式和系统，协同巡检运行实验考虑了煤矿远程开采的可视化、VR 监测和 HoloLens2 的应用。

在传统的控制方法中，PLC 控制元件安装在采煤机的控制箱中，远程控制则是通过上位机与装备进行通信，使操作人员可以在集控中心控制装备。集控中心的上位机通过绿色箭头按钮发出左升、左降、右升、右降命令，控制采煤机两个截割滚筒的上行和下降运动。测试结果表明，遥控器的响应时间小于200ms，触发采煤机紧急停止的时间小于 100ms，满足遥控的精度要求。操作电液控制器对装备进行控制的动作时间大约为 100ms。

通过实验，验证了 VR 的集控中心的人机交互界面能够根据相关要求运行。结果表明，控制准确，没有误操作或其他问题，如图 5-14 所示。在巡检过程中，巡检人员收集装备的运行信息，根据现场、点云信息和虚拟监控的目前状态进行综合判断，如图 5-15 所示。根据整个系统和操作人员视野之间的实时运行关系，操作人员可以使用 AR 手势进行控制。尽管这种方法效率不高，但是控制意图可以被精准地识别，使被控装备能够可靠地做出相应的动作。

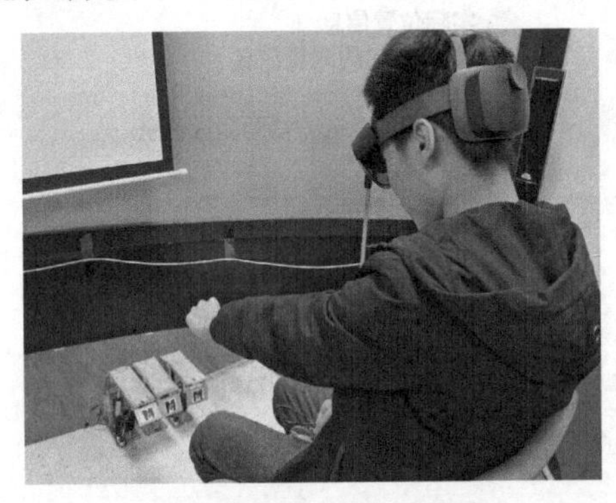
(a) 通过自然手势交互方式控制

(b) 第一视角相关信息

图 5-14　通过自然手势控制液压支架单机

5.5.5 讨论

在集控中心进行了三机协调运行实验。实验中，将采煤机、液压支架群和刮板输送机的信号实时传送回集控中心，测试了集控系统编写的自动控制程序。数据监测所确定的采煤机运行位置与 VR 界面监控面板显示的运行位置一致。同时，VR 界面显示的液压支架群也反映与真实场景相同的状态，如图 5-16 所示。

(a) 虚实叠加效果

(b) 实时位姿信息可视化呈现

图 5-15 增强现实监测效果验证

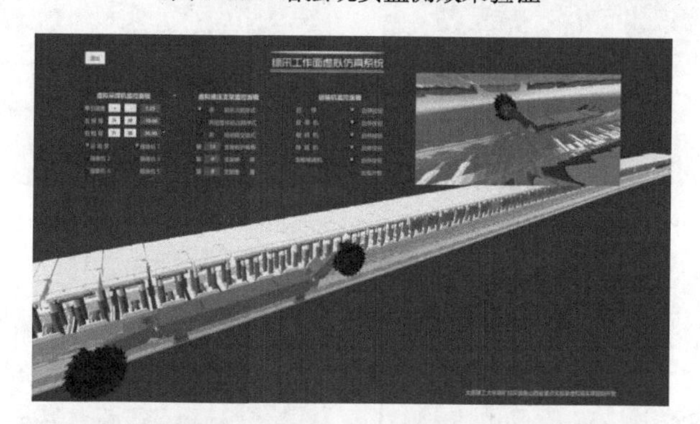

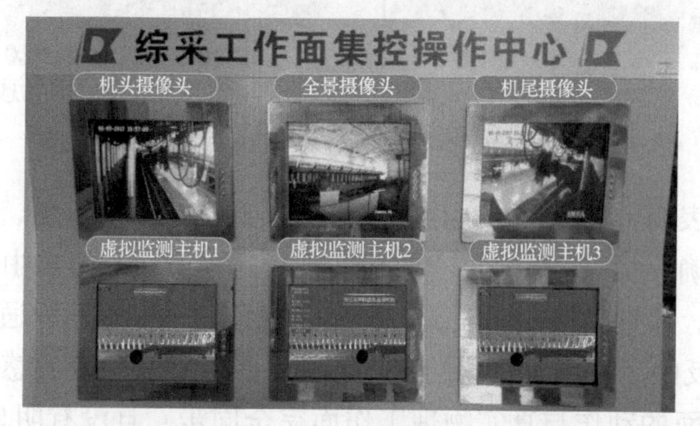

图 5-16 “三机”VR 监测界面与 VR 监测

以桌面电脑作为标记发送端，HoloLens2 作为标记接收端，评估了远程视频通信的效果，以确定虚实融合全息辅助标记空间的精度。两终端同时运行系统，它们都输入到装备所连接的云服务器 IP，并且都能在用户列表中相互看到。任何一个终端用户都可以单击对方的用户名进行视频通话。在视频通话过程中，接收端的操作者穿戴 HoloLens2 并将摄像机对准液压支架，发送端在接收到的视频场景中标记液压支架的立柱，并且使用语音作为辅助。接收端可以看到发送端在 HoloLens2 中所做的全息注释。系统的测试过程如图 5-17 所示。

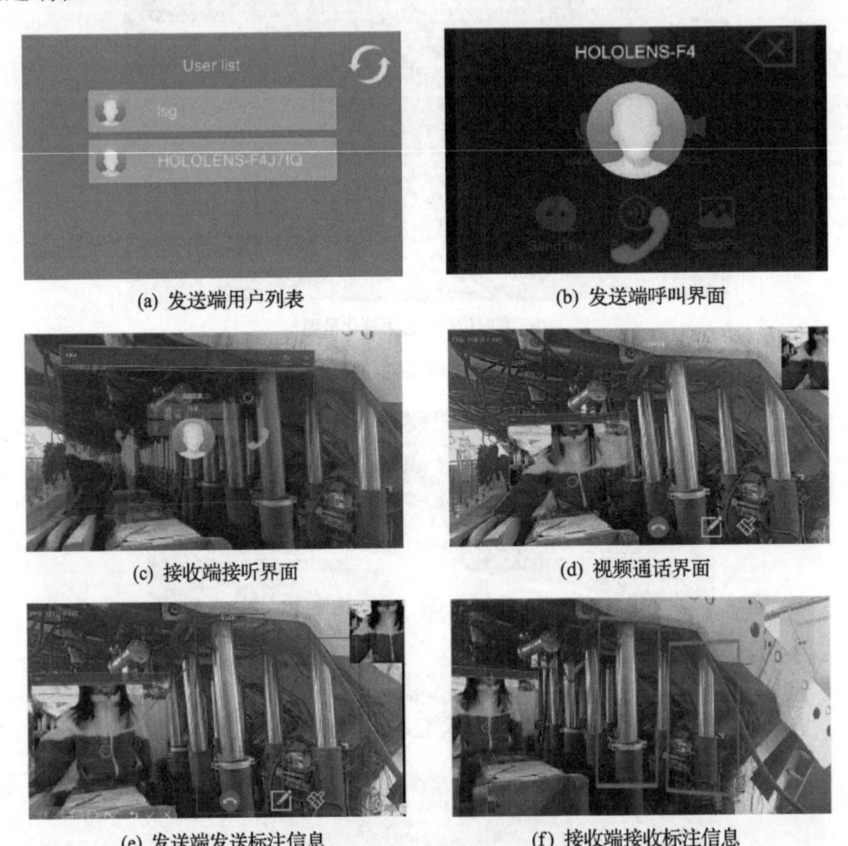

(a) 发送端用户列表　(b) 发送端呼叫界面

(c) 接收端接听界面　(d) 视频通话界面

(e) 发送端发送标注信息　(f) 接收端接收标注信息

图 5-17　空间全息标注远程专家实时辅助指导系统测试

测试结果表明，在通话时运用该功能，具有场景画面流畅、帧率高、延迟低以及标注准确等优点。该方法有效地实现了巡检人员与集控中心操作人员之间的视角共享，并且能够在增强现实智能监测控制中实现远程通信和协作。同时，AR 监测反映了三维可视化的特点，并且具有较高的真实感和沉浸感。另外，虚拟工作面的动作与真实物理工作面完全同步，且没有明显的延迟。AR

和 VR 的反向操作控制也实现了这些效果。通过远程协助模式连接，远程集控中心的操作人员能获得巡检人员通过 AR 眼镜看到的视野，帮助他们融入综采工作面的运行，促使他们共同完成高质量的巡检和人工操作。

本实验说明，工况越复杂，人的决策越重要。根据通信和计算的相关信息，验证了 MHCPS 的可靠性。

5.6 本章小结

本章对面向“虚实融合 3.0～4.0”的闭环协同运行系统 MHCPS 进行了案例研究。案例研究表明，人、VR 系统、AR 系统和物理系统之间的双向闭环通信传输是稳定的。基于成像、传感和仿真信息的计算准确地重建了物理设备的精确虚拟图像。VR/AR 系统在实现可靠控制的同时，促进了操作人员与其他三个系统之间的远程交互，有效地优化了物理系统，证明了 CPS 在以人为主的复杂工作条件下的可行性，提高了手动控制和机器操作的同步性，保证了高效的合作。本章得到的具体结论如下：

(1) MHCPS 是针对复杂的工作面生产工况提出的，满足自动化运行的要求，可作为设计 CPS 作业框架的基础。

(2) 在这个大框架下，实时融合 AR 技术与 VR 技术，组成了一个驱动 3C 系统的信息系统，并形成了一个信息闭环。该系统实现了虚拟仿真信息、实时感知信息以及虚拟信息的完美融合，所有信息都是为了支撑和影响人的决策，并且人的决策功能是 CPS 的核心。

(3) 通信和计算是系统的基础，远程控制是系统的目的。通过 AR、VR 与智能装备的深度融合，人可以与智能装备协同执行工作面生产作业。

(4) 在提高装备智能程度的同时，融合 VR 系统界面与 AR 系统界面的混合现实应该以人为本，帮助操作者获取更多的信息，做出正确的决定，进行巡检并与装备进行交互。

未来，通过脑机接口访问该系统，充分利用巡检人员的智慧，分布式处理各级的各种信息，可以实现远程协作者之间的无缝交互。

第 6 章 面向“虚实融合 4.0+”的工业元宇宙系统技术构想

6.1 引 言

虚实融合 4.0 阶段是在虚实融合 3.0 阶段实时重构的基础上，扩展出综采工作面的虚拟多平行系统，该系统可预测工作面运行、对可行路径进行模拟，经过分析后决策出最优路径。虚拟系统决策出的最优方案转换为控制指令，直接连接物理控制系统，可打通双向闭环的信息通道，使系统按照最优策略运行。进一步强化超过虚实融合 4.0 阶段的人机无缝联动、人机共生、虚实共融等特征，就可形成面向“虚实融合 4.0+”的工业元宇宙系统技术构想。

以综采工作面为代表的复杂工作场景只从物理层的角度进行智能化升级，已出现信息闭塞、无法应对复杂工况等问题。将数字孪生技术融入煤矿综采工作面，形成虚实融合的运行模式是推进智能化建设的关键，而工业元宇宙是以数字孪生为基础的，更加强调虚拟运行的决策与优化运行的生产模式，是综采工作面未来发展的方向。因此，本章在从数字孪生过渡到工业元宇宙的研究过程中，提出综采工作面工业元宇宙系统技术构想。该系统体现出展示与离线模拟、监测与辅助操作、在线模拟与预演、预测与决策、反向控制、人机融合与管理等六大特征，由低层级的展示模拟向高层级的深度融合功能演变，最终具备由实到虚精准的复制映射能力、虚拟迭代的推理预测决策能力、由虚到实的复制控制能力以及虚实人机无缝协作和精益化管理四大能力。此外，本章对作者团队在“数字孪生+”综采领域应用的相关实践进行说明，这些实践以融入 AR 远程协助、机器人协同与虚拟人工作为主，能够有效提高工作面虚实融合能力和人机交互能力，为未来更高层级工业元宇宙驱动的综采工作面建立提供理论支撑、顶层框架和技术基础。

6.2 MIMS 总体框架

6.2.1 工业元宇宙和数字孪生驱动的综采工作面对比

数字孪生驱动的综采工作面是现实世界物理元素的复制、延伸和增强，是物理元素和规律在虚拟空间的投影，是形成“完全同步”的“克隆工作面”。在这里，物理和信息系统构成成分是基本对等的。

工业元宇宙驱动的综采工作面在数字孪生刻画的“克隆工作面”的基础上平行出多个系统，以真实或假想的逻辑对虚拟系统进行刻画与运作，强调虚拟场景的各种预测、模拟、控制、评价和交互。尽管虚拟系统的成分已远多于物理系统，但是对于工业场景，虚拟系统的运营是为了服务物理世界的工业。

数字孪生技术中，物理世界和虚拟世界处于对等的关系；而在工业元宇宙技术中，两者处于不对等的关系。数字孪生是对工业生产过程中仿真建模工具的高度总结，可以清晰重现综采工作面的场景与各装备的运行状态，实现监测与模拟。工业元宇宙布局纵深更大，要超越现实，不仅要做到监测、控制，更要实现人、机、物、环境的有效管理，使人在虚拟空间内也能了解到工作面的各种信息，在虚拟世界内完成对综采工作面的监测、决策以及控制。利用人机协作技术增强人的感知、决策与控制能力，为更好地处理与解决综采运行问题提供思路与方法，也为智能化工作面建立提供了可能性。

6.2.2　工作面系统框架及其具备的能力

基于虚实融合内涵由低到高的六个基本特征建立的工业元宇宙驱动的综采工作面系统框架，如图6-1所示，包含7层设计，由下到上分别为物理世界层、实时映射层、数字建模层、信息监控层、跟踪分析层、模拟自治层和应用互动层。

(1)物理世界层：对应物理的综采生产系统，目前智能化综采装备在单机装备、多机协同与环境感知上的各层次智能化水平都不断进步，取得了良好的效果。

(2)实时映射层：物理系统与元宇宙系统的接口，在煤矿井下4G已经推广使用，5G已在井下试点，各种装备感知与控制信息都可接入网络，实时映射到数字空间。

(3)数字建模层：既包括“形似”又包括“内在机理”的一致性，导入虚拟引擎中，并对其行为进行刻画和编译，构建“高保真”的数字孪生模型，可以进行高仿真度的展示与离线仿真。

(4)信息监控层：实时运行数据驱动的虚拟重构，实现物理模型与虚拟模型的双向映射，能动态、实时地管理产品的技术状态。

(5)跟踪分析层：复制一个虚拟重构场景，在虚拟空间中运用大数据分析技术进行仿真、测试、预测与评估，对物理世界的未来状态进行预测与优化。

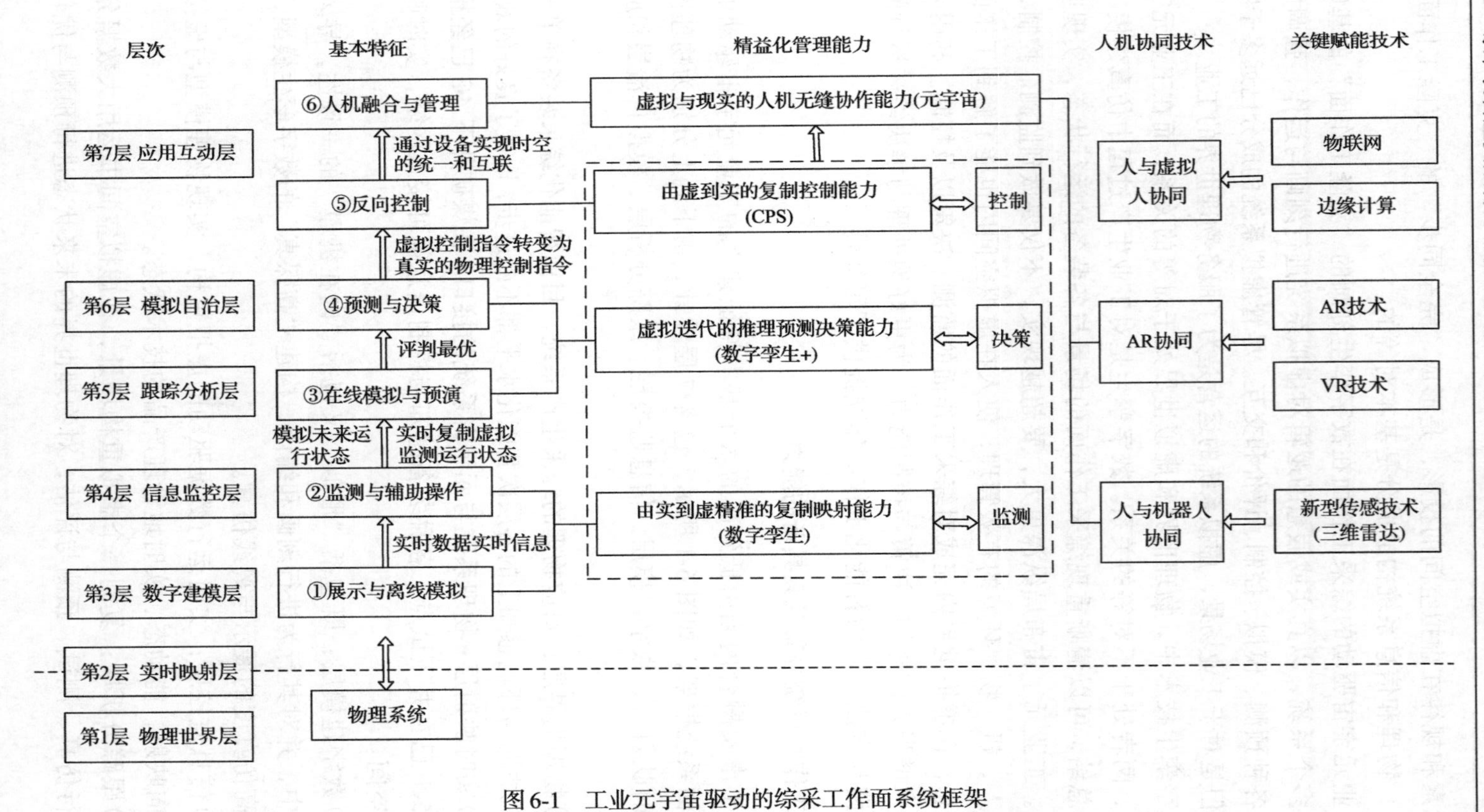

图 6-1 工业元宇宙驱动的综采工作面系统框架

(6)模拟自治层：具有分布式、去中心、自组织的特征。提供沉浸式的数字模拟、环境和事件的开发和操作，用户和企业可以在其中探索和参与各种各样的体验，并从事生产活动。

(7)应用互动层：用于数字化生产。决策出来的最优指令反向由虚向实控制运行工况；人机协同改变工业运行方式，提高企业管理运营的效率。

其中，第1层处于物理系统内，第2层是物理系统与元宇宙系统的接口，第3层对应展示与离线模拟的基本特征，第4层对应监测与辅助操作的基本特征，第5层对应在线模拟与预演的基本特征，第6层对应预测与决策的基本特征，第7层对应反向控制、人机融合与管理的基本特征。

工业元宇宙驱动的综采工作面系统所具备的能力如下。

1)由实到虚精准的复制映射能力(数字孪生)

由实到虚精准的复制映射能力主要包括展示与离线模拟能力、监测与辅助操作能力，涉及时间和空间维度，具有精准复制以及时间快、延迟低的数据驱动特点。先验信息严重缺失的综采工作面生产系统虚拟运维方法常受到数据质量与数量的影响，难以适应实际运行场景。为了保证综采工作面生产系统运行的完整性，在数据驱动模型的基础上，可引入知识驱动方法建立约束条件，避免异常驱动现象的发生，增强经验模型的适应性，实现混合驱动模式下的综采工作面虚拟重构。

智能化综采工作面的实时虚拟监测涉及两部分：一部分是高可信度煤层装备联合虚拟仿真；另一部分是协同规划和实时可靠信息的获取与虚实融合通道的建立。虚拟仿真即实现对真实开采环境的虚拟环境下的精准映射。在建立装备与煤层三维模型的条件下，通过添加物理引擎和各结构间的约束关系建立静态工作面模型。基于真实开采数据，利用已有的装备运行信息对其他装备的位姿进行反演，进而实现对与之相关的煤层顶底开采环境三维重构。随着采煤工作的不断进行，综采工作面场景也在不断变化，这就要求在虚拟场景内实现对综采装备动作的控制以及煤层的动态更新，根据装备的运行数据，利用深度学习算法进行未来开采运行信息的预测，以实现未来开采环境的预重构。

信息的获取离不开传感器，根据综采装备在开采过程中的特点建立信息传感系统，采用装备之间的空间位置关系对监测盲区进行推算，如依靠采煤机机身上的传感器数据反演获得刮板输送机的实时三维形态，再通过实时通信手段将数据实时传到上位机中。数据的实时交互是依靠上位机软件与Unity3D软件通过数据库来实现的。最后一步是处理所获得的数据，并驱动虚拟装备运行，进行实时场景呈现。近年来，基于数字孪生的综采工作面虚拟监控高可信度虚拟模型构建、双向信息通道与交互接口、实时运行数据驱动虚实同步运行等关键技术已基本突破，接下来可进一步融入透明地质保障相关数据，并依托 5G 网络高速传输，实现整体工作面装备与煤层运行的全要素高精度实时呈现。

2）虚拟迭代的推理预测决策能力（数字孪生+）

虚拟迭代的推理预测决策能力主要包括在线模拟与预演和预测与决策的能力，在虚拟镜像的基础上，将深度学习、强化学习等智能算法与装备运行机理相融合，对实际装备运行过程以及开采环境进行演化、推演。基于综采工作面的历史开采信息，提取装备运行的运动规律以及装备关键结构件运行特性与开采环境变化之间的关系，对未来开采过程进行预测并为开采工艺的灵活调整提供指导；基于深度强化学习对虚拟开采装备智能体的协同运行进行决策，保证虚拟综采装备在不确定开采环境下具有稳定的开采策略支持。基于空间运动学与 LSTM 神经网络预测融合的刮板输送机调直方法就是利用在线模拟与预演和预测与决策的能力。根据空间运动学和 LSTM 神经网络建立预测模型，在研究刮板输送机调直时，通过在虚拟煤层空间内对装备的动作进行预演，并对比分析数据，得出轨迹修正模型。在综采工作面的虚拟场景中，根据已有监测信息对液压支架的实际位姿进行分析，对有异常位姿的液压支架决策出调架所需要的动作，完成虚拟场景内的调架。

3）由虚到实的复制控制能力（CPS）

推演完成后，应对决策出的最优值进行判定，综合人和计算机的智慧进行控制，使人从操作者变为监控者、管理者。综采工作面数字孪生系统的虚实交互包括物理综采系统运行状态在虚拟环境下的实时映射以及虚拟综采场景仿真结果对物理系统运行的实时控制。在对综采系统进行虚拟仿真的基础上，通过虚实双向数据通道将仿真结果信息实时反向传递至物理空间，可以实现数字模型对物理装备及系统实际运行状态的动态调控。利用 AR 技术可实现数字孪生工作面的反向控制，一方面是 AR 装备具有与工作面装备交互的功能，从而能操纵综采装备；另一方面是物理装备能获得 AR 装备上传的数据，从而驱动物理综采装备与数字综采装备同步运动，实现反向控制。对于综采工作面的现场工作人员，基于头戴式增强现实装备与脑机接口装备可以实现手势、语音、凝视、脑机接口（BCI）四种交互模态。在常规状态下，现场工作人员优先使用手势识别完成所需的交互。当现场工作人员双手被占用时，采用凝视与语音相结合的方式作为备用交互策略，使用凝视射线选取操作对象，再使用语音指令确认操作，从而降低误操作的概率。在工业现场出现突发状况，来不及通过其他交互模态做出操作时，采用 BCI 系统对现场工作人员本能的脑电信号做出分析并执行相应的命令。对于远程专家，通过鼠标与键盘进行交互，方便快捷地为现场工作人员提供指导。目前，对利用 AR 装备进行控制已有一定的研究，但是还存在延迟时间与传输精度低等方面的问题，还需要进一步的提高。

4) 虚拟与现实的人机无缝协作能力(元宇宙)

虚拟与现实的人机无缝协作能力主要包括人机融合与管理能力和 AR 协同技术、机器人协同技术、虚拟人协同技术，形成以人为主的工业元宇宙系统，完成精益化管理。在综采工作面运行中，人的作用在很多场景中不可或缺。

6.3　MIMS 设计关键技术

要想实现基于多功能虚拟平行系统的综采工作面多工种协同运行模式，首先需要实现对多功能平行系统中虚拟场景的模型构建，实现综采工作面的全局虚拟场景，紧接着对虚拟运行智能演算技术进行研究，最后实现三种工种与多功能虚拟平行系统之间的协同，这样才能实现三种工种认知的增强，减轻三种工种的工作负担。

6.3.1　多功能虚拟平行系统关键技术

多功能虚拟平行系统是基于“人”“机”“环”的整个综采工作面的全局虚拟场景来运算的，因此首先应搭建整体工作面的全局虚拟监测场景[113]，包括三机装备数字模型、煤层底板模型等；其次，利用 AR 装备虚实融合的优势及计算机视觉装备位姿测量技术等，更深入地获取局部场景来增补全局虚拟场景[216]，进一步增强全局虚拟场景的可靠度和可信度；最后，完成人对全局虚拟场景的实时映射，实现基于“人”“机”“环”的整个综采工作面的全局虚拟场景的构建，并在此基础上进行整体的智能推演、计算及测试。多功能虚拟平行系统可参照全局虚拟监测场景的构建[113]和局部信息增强技术[216]进行设计。接下来，对如何完成人在全局虚拟场景中的映射、如何实现智能推演这些问题进行分析讨论。

6.3.2　可参数化动态定制的矿工虚拟模型构建

完成真实操作工到场景的实时映射，首先要解决的就是如何构建三种工种的虚拟矿工模型，该模型应根据各个矿工的体态及身体参数进行定制。

虚拟矿工模型构建的基本方法是：首先获取人体骨骼点数据，形成参数化模型，这些骨骼点数据包含人体的运动信息，是虚拟矿工模型的数据基础；在此基础上对模型进行外观的烘焙及贴图，将矿工的穿着体态体现出来，形成逼真的矿工形体；再添加矿工在井下需要用到的工具，如矿灯、氧气瓶、HoloLens 眼镜等，即完成虚拟矿工的模型构建。通过对矿工的虚拟模型进行运动学解析，要求矿工保持最基本的标准姿势，将各个关节的数学模型提取出来，再通过 Azure Kinect 体感装备即时捕捉矿工的运动信息，将信息输入矿工的虚拟模型中，形成可参数化动态定制的矿工模型，如图 6-2 所示。

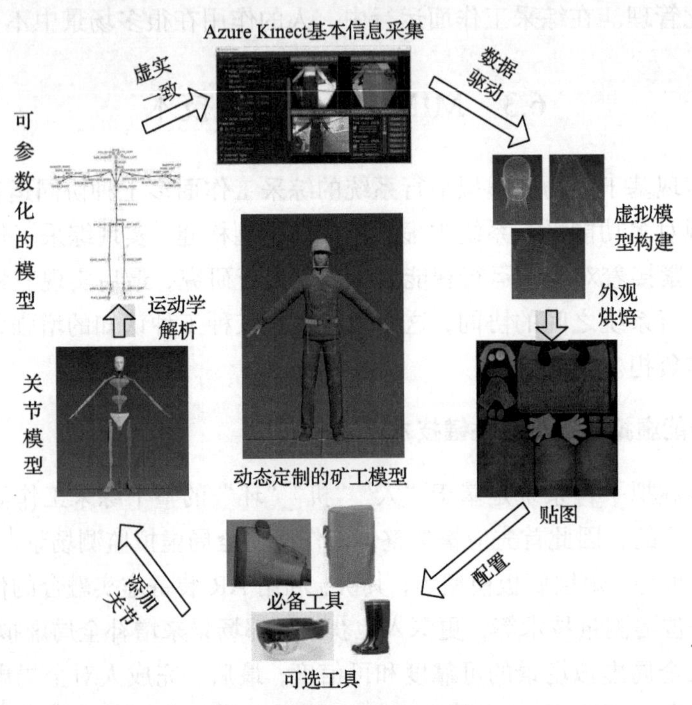

图6-2　动态定制的矿工模型

为了获取人体的骨骼点数据，使用 Microsoft 提供的 SDK 人体跟踪器来处理 Azure Kinect 体感装备捕获的数据并生成人体跟踪结果。为了简化计算，将 Azure Kinect 传感器布置在简化的人体骨架上，利用人体最关键的 32 个骨骼关节点来表达全人体外形，并以三维坐标的形式对这 32 个骨骼关节点的空间信息数据进行跟踪、记录及读取。图 6-3 为获取的操作者在直立状态下的某一帧骨骼数据，其中图 6-3(a)为真实人体图像，图 6-3(b)为某一帧人体 32 个骨骼关节点的三维坐标数据，图 6-3(c)为可视化三维点图。

(a) 真实人体图像

jointID	X	Y	Z
1	31.682089	−65.80037	1068.950806
2	32.802612	−207.940903	1078.573364
3	34.235561	−321.427185	1069.003906
4	30.676897	−494.381012	1080.541504
5	58.108128	−466.459442	1080.664063
6	164.149826	−424.18866	1080.009277
7	202.043839	−207.681641	1099.716797
8	206.548447	−36.298603	1029.620483
9	208.029327	35.371201	1001.792419
10	218.426178	104.863144	951.706055
11	186.079071	49.089424	969.647949
12	4.438471	−465.036346	1078.281006
13	−91.7854	−423.592834	1071.014526
14	−162.330429	−214.511307	1027.793457
15	−167.856888	−193.192337	841.527649
16	−199.798813	−209.119583	766.819336
17	−241.746216	−165.426941	707.445435
18	−145.184677	−217.326401	747.54659
19	104.45858	−65.072929	1071.221558
20	145.659058	243.209274	997.254822
21	140.406677	535.100708	1087.375244
22	168.011963	632.820862	977.510925
23	−33.943676	−66.456345	1066.903076
24	−46.307133	245.05452	997.659119
25	−41.257996	542.922852	1078.734009
26	−48.549286	634.2854	976.042664
27	29.811129	−559.294434	1074.150024
28	35.291031	−617.809753	960.077515
29	58.237816	−636.391907	993.634338
30	101.340958	−602.476929	1078.727295
31	16.716757	−639.129089	990.202576
32	−30.2043	−618.112671	1081.329834

(b) 三维坐标数据

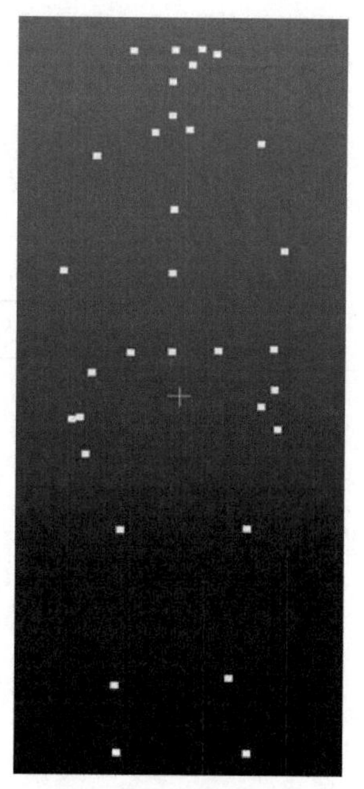

(c) 可视化三维点图

图6-3　骨骼数据获取结果

6.3.3 真实矿工与虚拟矿工的实时联动

如图6-4所示，在虚拟矿工模型导入Unity3D软件中后，将Azure Kinect体感装备放置在形同于工作面视频监控的位置，以采集矿工相关的动作，建立实时的机器人中间件骨骼模型，再通过C#脚本绑定机器人与虚拟矿工，建立它们之间的连接，并使其关节点通过信息传输通道保存到数据库或直接驱动刚建立的虚拟模型，从而进行三维数据坐标的采集。具体实现过程如下。

(1)实现关节位置对应匹配。利用C#脚本，将虚拟矿工与机器人关节进行匹配，并对关节进行命名，实现虚拟矿工的关节点跟随着机器人动作而移动。

(2)实现关节角度对应匹配。如果仅对机器人进行关节位置的匹配，由于缺少一定的角度变换，会出现机器人姿态的扭曲变形。因此，在实现关节位置匹配的基础上，继续利用C#脚本实现关节的旋转及角度的对应匹配。

(3)实现虚拟矿工动作同步。根据机器人的骨骼关节名称，将虚拟矿工模型的关节与它进行匹配，完成关节与关节之间的绑定，实现虚拟矿工与真人动作同步。

(4)实现数据的获取与存储。利用C#脚本，将采集到的骨骼关节数据自动生成“.xml”文件，并进行整理，选取合适的数据点，将其存放在三维坐标系

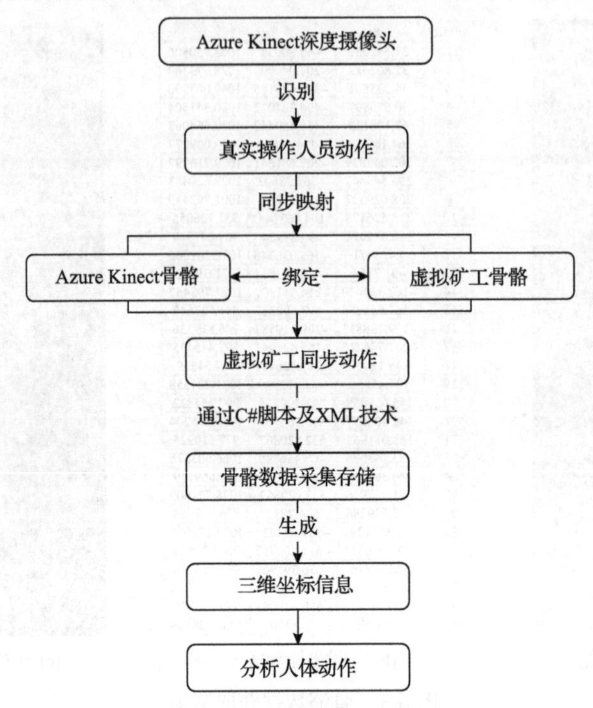

图 6-4　虚实融合操纵关键技术框架

中，并生成三维坐标模型。同时，根据规定的 32 个关节点，将已提取的关节点与虚拟物体进行绑定，并将数据存储到函数中，真人每做出一个动作，机器人就获取一组数据并存储。

(5) 三维坐标信息生成。处理获取的骨骼关节数据，形成关节的相对坐标，并在六视图中直观地呈现各个关节点的三维坐标，再连接六视图中的各个点，可以清楚地看到人体形态及具体动作，如图 6-5 所示。

6.3.4　集控中心智能推演系统设计

在基于多功能虚拟平行系统的综采工作面多工种协同的运行模式中，集控人员必须具有足够的认知去指导其他工种进行精细化工作，如果没有一个趁手的“工具”，他会有非常大的工作负担和心理压力，因此智能推演系统的存在意义非凡。

作者团队通过对综采装备的研究提出了利用智能化装备测量液压支架姿态和直线度的方法[247]，最终实现在虚拟环境中对液压支架的支护位姿自适应调整[203]、基于刮板输送机形状轨迹预测采煤机下一个工作循环状态[200]、基于机器人运动学与时序预测融合驱动的刮板输送机调直[226]、针对不同智能化水

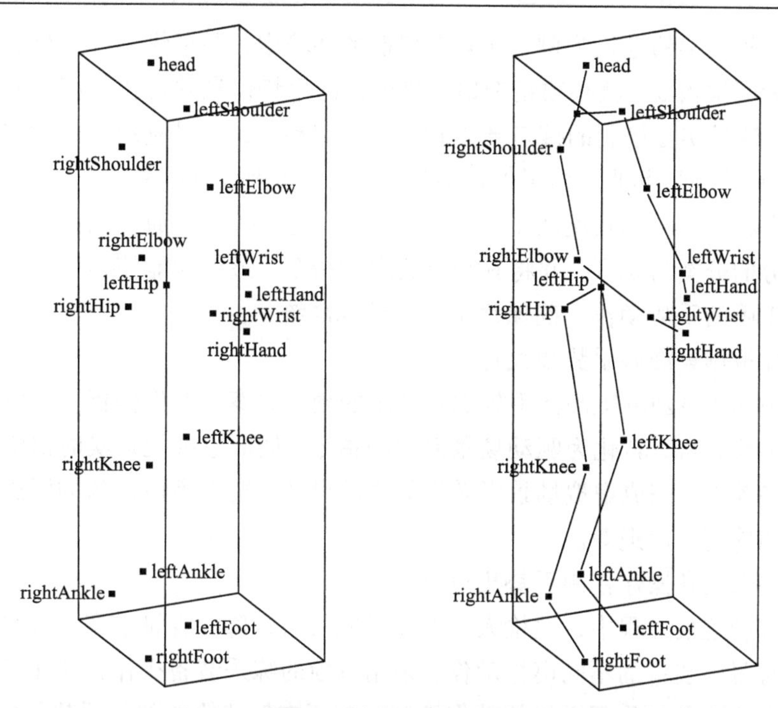

图 6-5　关节点相对坐标

平的综采工作面生产系统的虚拟推演与评估[209]等。在此基础上，智能推演系统已经可以通过 AI 迭代算法，对综采装备的空间运动学模型进行运动仿真，结合井下提供的地质数据，建立对应的预测模型，并进行仿真推演，最后可以得到综采装备运动的关键信息，如液压支架的理想位姿、煤层顶底板的合理截割路径以及刮板机推进直线度等，并将这些信息呈现于人机界面，集控人员不用观看大量数据，只需根据推演结果，并结合自身经验即可做出合理的判断，指导巡检人员和维护人员的操作。

6.3.5　巡检人员虚拟操作设计

如图 6-6 所示，在真实矿工与虚拟模型实时驱动的基础上，进行手势关节的提取。手势是比较简单的一种操作形式。例如，巡检人员在巡检过程中，可以通过 Azure Kinect 捕捉到的手势相关信息的变化来将其转化为支架的移架、降柱、升柱等相关的控制指令，使支架做出预期的动作。

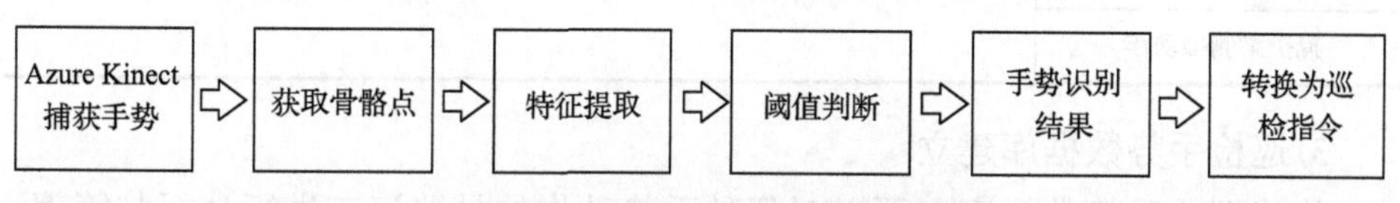

图 6-6　巡检手势采集与操纵流程

以液压支架的巡检为例，在复杂煤矿的环境中，要想将巡检人员的手势信息转化为巡检指令，就必须精准地识别他们的手势信息并转化为相应的支架动作指令，通过实际控制的接口产生相应的支架动作，且对应的支架动作应与手势信息相互匹配。因此，为了保证巡检的效率，需要设计手势集和手势数据库，从骨骼点相对距离和角度两个方面提取矿工的手势特征，通过阈值判断的方法实现手势的分类与识别，并将其转化为巡检指令，最终才能使巡检人员在巡检时做出正确的手势动作，确保每个手势的标准统一。

1）虚拟场景漫游手势集设计

采用基于 Azure Kinect 手势识别技术的漫游方案，首先捕捉人体骨骼数据并进行手势分析，转化为驱动场景漫游的指令，同时虚拟视角实时追踪操作人员的手势动作，完成虚拟场景漫游手势集的设计，实现虚拟视角的漫游与转向控制，如前进、后退等。

2）综采装备操作控制手势集设计

在现场巡检过程中，巡检人员需要排除装备故障，保证装备的正常运行，因此针对每个装备的不同巡检动作，采用单独的综采装备操作控制手势集，以实现对虚拟装备与物理样机的动作控制。液压支架巡检的部分手势集如表 6-1 所示。

表 6-1　液压支架巡检的部分手势集

<table>
<tr><th colspan="2">系统指令</th><th>手势动作</th></tr>
<tr><td rowspan="2">单架旋转</td><td>顺时针 45°</td><td>小臂抬起伸于身体前侧自右向左挥动</td></tr>
<tr><td>逆时针 45°</td><td>小臂抬起伸于身体前侧自左向右挥动</td></tr>
<tr><td rowspan="2">单架缩放</td><td>缩小</td><td>双手置于胸前，沿中心向两侧划动张开</td></tr>
<tr><td>放大</td><td>双手置于胸前，沿两侧向中心划动合拢</td></tr>
<tr><td colspan="2">护帮板动作</td><td rowspan="6">二级界面内，左臂于胸前向左或向右挥动至特定功能标签处握拳确认</td></tr>
<tr><td colspan="2">顶梁侧护动作</td></tr>
<tr><td colspan="2">立柱油缸动作</td></tr>
<tr><td colspan="2">平衡千斤顶动作</td></tr>
<tr><td colspan="2">推移油缸动作</td></tr>
<tr><td colspan="2">掩护梁侧推动作</td></tr>
</table>

3）巡检手势数据库建立

构建巡检手势数据库，可以对每种手势动作的骨骼姿态进行分析与管理。

针对已经设计完毕的虚拟场景漫游手势与综采装备操作控制手势，以人体的 32 个骨骼数据点为基础，建立巡检手势数据库。对构建好的动作姿态库进行手势数据库的建立，计算出交互语义类别，触发虚拟系统的相应反馈。

4）骨骼点相对距离系数计算

Azure Kinect 装备捕获的 32 个骨骼点在手势表征中的重要性不同，因此选取 7 个动作幅度较大、动作表征明显的上肢骨骼点并编号 J_2～J_8。接着以骨盆点 J_1 作为参考点，计算出 7 个上肢骨骼点到骨盆点的相对距离特征并进行归一化处理，将得到的 7 个归一化距离特征作为手势特征提取的判定识别条件。

5）骨骼点角度的定义和计算

以单纯的归一化距离特征进行手势特征提取的判定准确率并不能达到要求，因此可以利用三点法，使用反余弦定理计算出三个骨骼点连线之间的角度，得到角度特征，并结合归一化距离特征，从两方面来进行手势特征提取的判定，这会大大提高提取准确率。

6.4　人机融合驱动运行关键技术

对于综采工作面，尽管智能化技术的发展使作业人员越来越少，但必须由操作人员完成智能系统无法完成的操作。智能化开采工作面系统的构建不是追求绝对的无人场景，而是追求人机融合，融入人的经验和智慧。

工业元宇宙和工业数字孪生主要区别在于是否有虚拟工人参与生产过程。工业数字孪生追求无人车间、黑灯工厂，使所有装备自动化运行。但在复杂的煤矿井下，大部分生产仍需要人的参与，IM 必须将虚拟人深度参与到综采工作面的运行管理中。当前有三种协同方式：

（1）现场工人与后台专家通过 XR 眼镜远程交互，即 XR 人机协同。

（2）高智能化的巡检机器人参与现场过程，即机器人驱动的人机协同。

（3）对高技能人才复刻数字人并在信息空间中从事操作活动，即“虚拟人”驱动的人机协同。

6.4.1　XR 人机协同

XR 人机协同是巡检人员和集控人员或后台专家通过 XR 眼镜协作交流，这种协作交流基于 AR 眼镜的远程协助功能，如图 6-7 所示。巡检人员佩戴 AR 眼镜，在巡检过程中与集控人员进行协调，集控人员可以以巡检人员的视角观察工作面运行的情况，而 AR 通过与后台 VR 系统相连接，把 VR 计算的结果呈现在 AR 眼镜中，让多人进行协同评审，完成最优决策与操作。利用 AR 技术可以实现多终端 AR 同地无缝协作与多终端远程 AR 视频会议。AR 移动/头戴终端可与 VR 技术相融合，对综采装备进行位姿测量，同时，AR 装备还可对数字综采装备进行操纵。

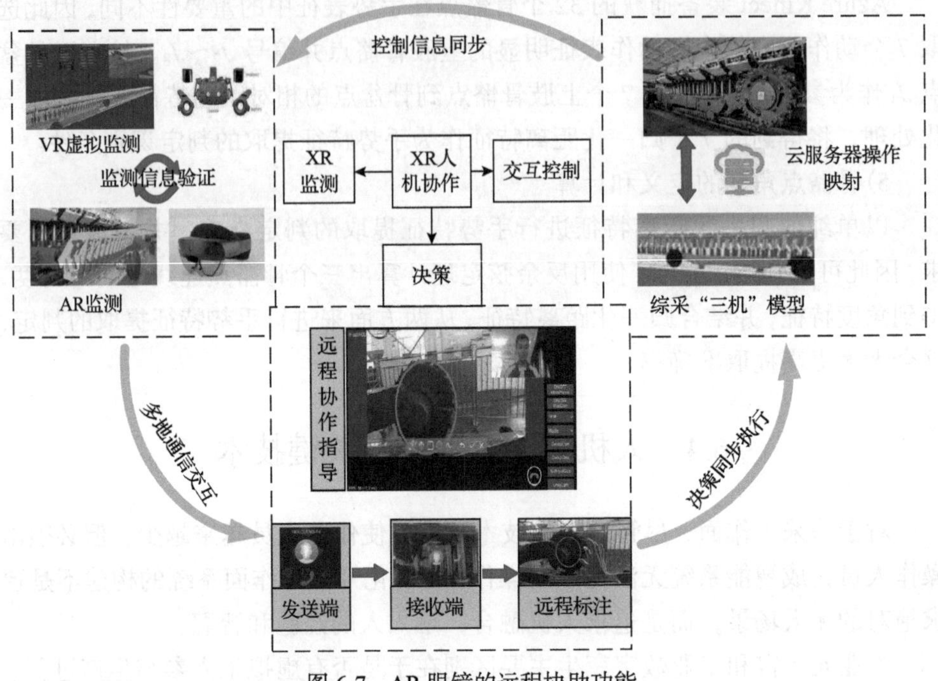

图 6-7　AR 眼镜的远程协助功能

6.4.2　机器人驱动的人机协同

随着机器人技术的发展，井下巡检机器人技术也得到了快速发展。轨道式巡检机器人能利用自身搭载的传感元件等采集装备信息和视频信息等并传回后台，使人获得综采工作面运行数据。但轨道式巡检机器人的轨道在液压支架或者刮板输送机上，由于工作面底板起伏，机器人运行柔性大，运行定位具有不确定性，无法将采集到的点云、视频等数据进行合并补偿，因此巡检效率并不高。而刮板输送机电缆槽的相关轨道，刚性运行容易卡顿，不能较好适应随机性的起伏变化，相关感知传感器直接暴露在危险区域，容易被落下来的煤砸坏。

巡检机器人最特殊的功能是智能感知，但不具备反向控制能力，这与机器人的“自主感知、自主决策与自主控制”的思路背道而驰。因此，需开发自动行走在工作面的机器人，可深入到危险的、狭窄的环境中代替巡检人员的实际巡检工作。

与轨道式巡检机器人相比，行走式巡检机器人具有以下特点：

(1) 在感知方面，它搭载有三维激光雷达、气体检测仪、深度相机等元件，可获取视觉气体含量、三维点云等信息，并可以利用自身的灵活性到达更多位置，获取较为全面的信息。

(2) 在自主决策方面，它能够利用感知到的信息在虚拟系统内重现物理工作面的运行情况，并检测异常，利用算法决策出行走路径与行走步态。

(3) 在控制方面，它可以根据操作人员的指令对综采工作面装备做出部分简单控制。

巡检机器人的结构与功能如图 6-8 所示。

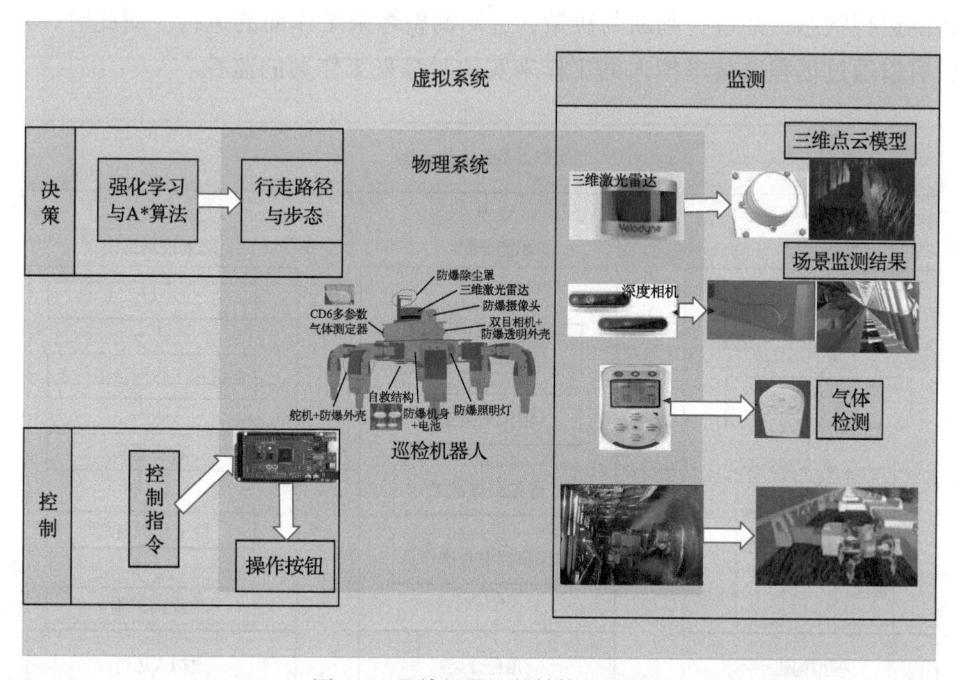

图 6-8　巡检机器人的结构与功能

6.4.3　虚拟人驱动的人机协同

在智能化和数字化程度较高的数字孪生综采工作面，将人的意志、能力、标准的操作、应急能力等进行全面复刻，构建虚拟人在信息维度中操控虚拟装备以最优运行方式去运行，再在物理层面按照信息空间最优运行的方式进行操作。多个虚拟人分别对应不同操作员岗位并完成相关各岗位任务，真实操作员监督这些虚拟人完成相关工作。虚拟人模型的构建需要依据各个矿工的体态及身体参数：①获取人体骨骼点数据，形成参数化模型；②进行外观烘焙、添加贴图等；③对模型进行运动学解析，提取各关节数学模型，并通过 Azure Kinect 体感装备实现模型动态化。

虚拟人存在于虚拟系统中，按照所执行的功能不同可以分为虚拟巡检人员、虚拟支架工、虚拟采煤机工和虚拟集控中心操作员，如图 6-9 所示。在综采工作面精确监测的前提下，对虚拟人添加各种算法与 AI，使其感知虚拟综采工作面环境，行走于虚拟综采工作面中，并具有感知、识别工作面异常状态的功能，即拥有人的意志、能力、标准的操作、各种应对危险的应急能力。在虚拟监测系统将综采工作面信息同步到虚拟场景时，虚拟人就可以感知到物理装备的运行状态，并进行判断与决策，进而调整综采工作面的运行。而此时，人就可以通过远程监督虚拟人的工作来实现对综采工作面的监控。

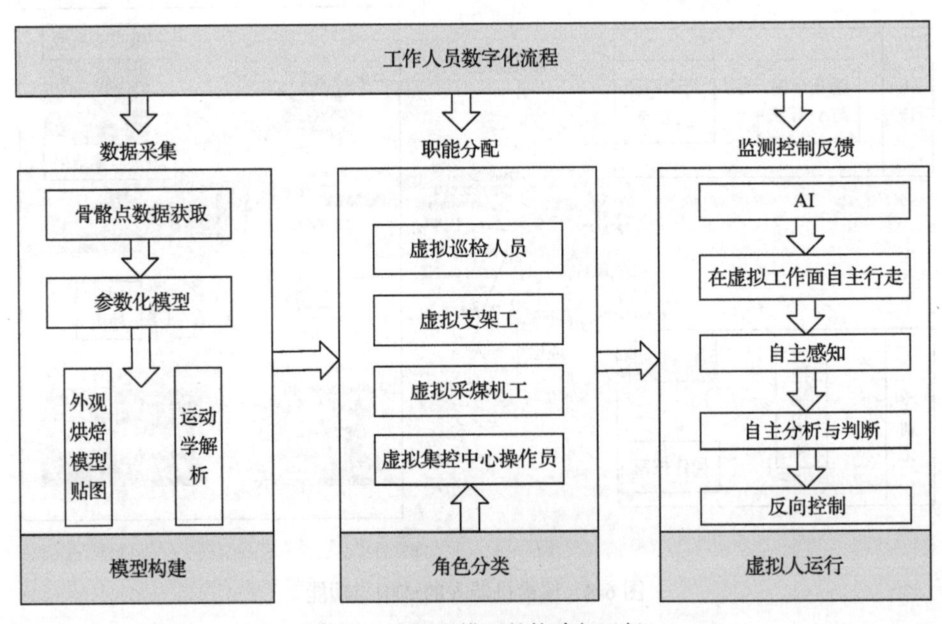

图 6-9　虚拟人模型的构建与运行

6.4.4　人机协同带来的优势

人机协同技术，应该是 AR 协作到人与机器人协同再到人与虚拟人协同的发展，工作面虚实融合程度逐步升高。随着 5G 通信、云平台、统一的软硬件接口等关键技术不断突破，且在井下逐步工业应用的前提下，若 AR 眼镜可以具有防爆功能，则 AR 协作可以在近几年内逐步实现；而人与机器人协同技术还距离较远，应加大研发力度。在实现具有反向控制功能的综采工作面数字孪生+系统后，就可以进入人与虚拟人协同的状态中。综采工作面数字孪生中的监测是 1:1 的复刻，也是实时精准的虚拟重构，控制则是经过推理以后的反向控制，而管理更多的是涉及管理人员。人机协同技术具备社会属性，所以形成了社会物理信息系统，如图 6-10 所示。

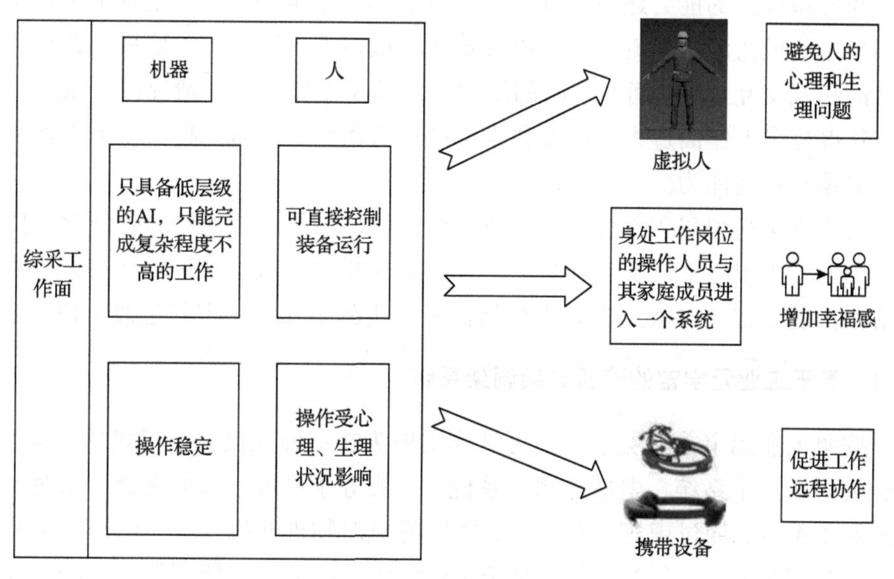

图 6-10　人机协同带来的提升

人与机器的区别是，一方面，在复杂的井下环境中工作，很多问题需要操作人员直接控制运行，而机器只具备低层级的 AI，只能完成复杂程度不高的工作；另一方面，身体状态、情绪、精神等各方面均会给身处煤矿井下的操作人员带来不确定性因素，导致操作失误甚至安全问题。因此，可以训练虚拟人，以避免这些心理和生理问题。

在增强操作人员情感方面，基于工业元宇宙的社交属性，创造一个平行世界，操作人员与其家庭成员身处异地但共同进入这个虚拟世界，感受近距离的陪伴，进而提升其幸福指数和工作效率，同时也会增加企业归属感。

操作人员也可携带体感交互、脑机接口装备等随时获得身体健康数据，更好地为工作服务。管理员可以让处在不同空间的人员协同运行管理，如建立涵盖地面和井下的 VR/AR 交互系统，添加可穿戴装备把操作人员或者巡检人员数据接入到虚拟装备上进行整体的模拟和预测，把他们的触觉延伸到井下进行虚拟会议，实现井下人员和地面的无缝虚拟会议。

6.5 原型系统开发与实验

工业元宇宙的前提是具备由实到虚精准的复制映射能力、虚拟迭代的推理预测决策能力、由虚到实的复制控制能力。目前，虚拟监测的能力较强，虚拟决策和虚拟控制的能力还有待加强。与数字孪生系统相比，工业元宇宙系统在数字孪生完成监测的基础上，可以实现人、虚拟人、机器人和综采装备在虚实世界的相互交互，在时间和空间的维度上对综采工作面运行情况进行重构和延伸，获得综采工作面过去、现在和未来的运行信息，全面提高人对工作面的感知、决策与控制能力。

液压支架是综采工作面的重要支护装备，但当前液压支架的智能化程度较低。因此，本节以液压支架为例，利用实验室的综采成套实验系统，从监测、决策和控制三方面对液压支架进行从数字孪生到工业元宇宙的过渡阶段实验。

6.5.1 基于工业元宇宙的液压支架调架系统

按照工业元宇宙七层架构，可具体实施为在三种人机交互模式的支撑下，由建模与场景子系统、虚拟监测子系统、云服务子系统、虚拟决策子系统和虚拟控制子系统，通过虚实交互接口，共同完成对物理样机系统中液压支架异常行为的智能分析、决策与调架，基于工业元宇宙的液压支架调架系统的整体结构如图 6-11 所示。

该系统中，物理样机系统包括煤层底板模型、支运装备、控制元件和监测元件。通过虚实交互接口，建模与场景子系统以支架和煤层数据为基础，构建高保真虚拟模型。虚拟监测子系统内添加了位姿重构脚本、位姿描述脚本、监测面板、控制面板和串行通信接口，可以根据传感信息对虚拟空间内的模型进行位姿重构，显示液压支架的位姿参数，并分析判断异常位姿，具体实施由实到虚精准的复制映射能力。虚拟决策子系统包括工况模拟脚本、调架决策脚本、仿真控制脚本、工作空间绘制器(LINE Tools)，能同步虚拟监测子系统场景中支架位姿信息，在云服务子系统的支持下，生成最优决策调架指令控制虚拟调架，对应的是虚拟迭代的推理预测决策能力。虚拟控制子系统能同步虚拟监测子系统的调架指令，并通过串行通信接口向实物支架下发控制指令，实现动作控制，体现的是由虚到实的复制控制能力。

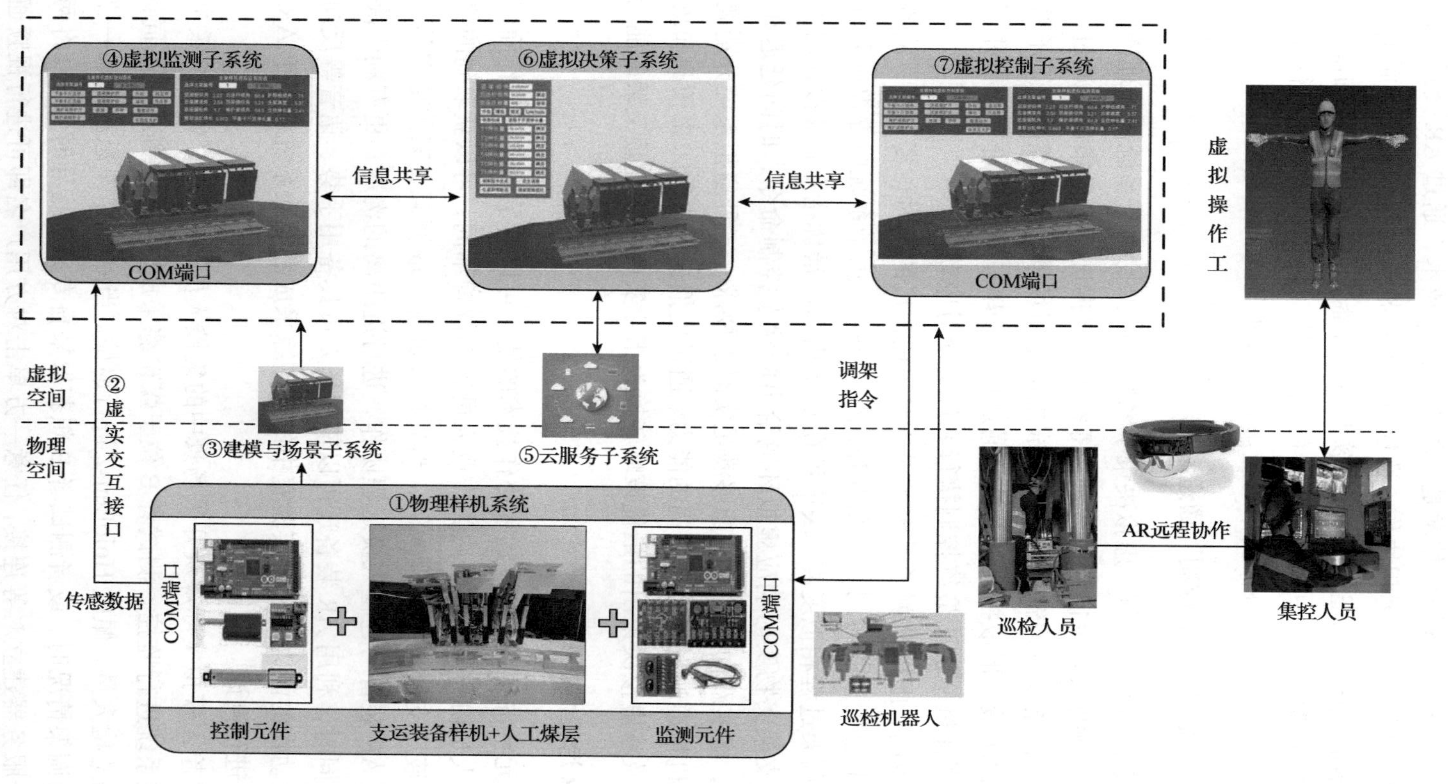

图 6-11 基于工业元宇宙的液压支架调架系统

系统中的 AR 远程协作技术是一种人机交互技术，通过 AR 交互装备使不同地点的操作人员实现远程协作。巡检机器人巡检于物理综采工作面中，能将物理系统监测数据传回虚拟系统中，实现人、机器人与综采工作面的虚实结合。虚拟人存在于虚拟系统中，依靠自身的 AI 算法对液压支架状态进行判断、决策与控制，这三种人机协作技术对应虚拟与现实的人机无缝协作能力。

6.5.2 系统“感知-决策-控制”通道测试

通过虚拟监测子系统、虚拟决策子系统和虚拟控制子系统对物理样机系统进行虚拟监测测试和反向控制测试。将各传感数据进行信息集成并通过串口传输给上位机，经过数据解析和处理形成虚拟监测场景，随后虚拟决策子系统进行自主虚拟决策，形成控制指令，并通过计算机串口对指令进行解析并下发给对应的物理样机从机，最终控制执行元件实现对应动作。

结果表明，虚拟监测子系统实现了对物理样机的实时位姿监测，从传感数据打包到上位机接收时间延迟在 0.15s 内；虚拟决策子系统中虚拟调架过程与物理样机调架过程相似度高，决策可在 0.2s 内算出最优指令；虚拟控制子系统能使液压支架实物实时响应虚拟环境给出的状态控制命令，时间延迟在 0.1s 内。因此，虚实双向数据交互能够满足实时性要求。三种虚拟系统分别展现了将物理样机精准映射到虚拟空间的能力、通过虚拟迭代进行未来预测和决策的能力，以及将虚拟决策出的最优策略转换为指令实时控制物理支架的能力。

6.5.3 AR 远程协作测试

工业元宇宙系统中 AR 远程协作技术的使用可以满足在综采工作面巡检人员和集控人员协作的需求。两类作业人员工作位置不同，可以获取到的信息也不同。以液压支架调架过程为例，当集控人员想获取调架支架的更多信息时，可以通过 AR 装备与巡检人员远程协作，进行近距离的沟通，更有利于决策的准确性。同时，利用 AR 装备还可以使现场人员具备用手势、语音等反向控制液压支架动作的能力。利用实验室中的煤矿综采成套实验系统对基于 AR 远程协作技术进行测试。

测试者 A 模拟实际煤炭开采场景中的集控人员，使用 PC 端的综采工作面虚拟监控系统进行监控。测试者 B 位于煤矿综采成套实验系统中的不同区域，模拟现场巡检人员，佩戴 HoloLens2 进行巡检。当测试者 A 想获取某一位置支架的现场调架情况时，或者测试者 B 想获取来自专家的指导时，可以将两终端通过信令服务器建立对等连接，任意一方单击对方用户名即可进行视频通话呼叫。通话过程中，测试者 B 佩戴 HoloLens2，头部朝向液压支架，测试者 A 能接收由 HoloLens2 传回的视频画面。在监测方面，集控人员即测试者 A 利用 AR 装备获得工作面信息；在决策方面，巡检人员即测试者 B 获得测试者 A 的决策信息。

测试结果表明，工业元宇宙系统中的 AR 远程协作技术能使集控工获得高度的真实性与沉浸感，增强对综采工作面细节的感知，总体把握工作面整体运行情况。与身处现场的巡检人员进行远程协作，将集控人员全局与巡检人员局部视角信息融合，进而协同决策与控制调架。经过测试可知，AR 协作方式较巡检人员单人手动调架的质量和效率提升近 30%。

6.5.4　机器人巡检实验

选择能够行走于综采工作面内并触发液压支架电液控制按钮的六足机器人进行机器人巡检实验测试。该机器人具有路径规划与步态规划系统，机身上搭载着三维激光雷达、气体监测仪、深度相机等传感器，可完成对物理工作面的监测。同时，在工业元宇宙系统内具有巡检机器人与虚拟系统的双向交互通道，可完成虚拟监测与控制。利用实验室的煤矿综采成套实验系统对机器人进行测试，如图 6-12 所示。

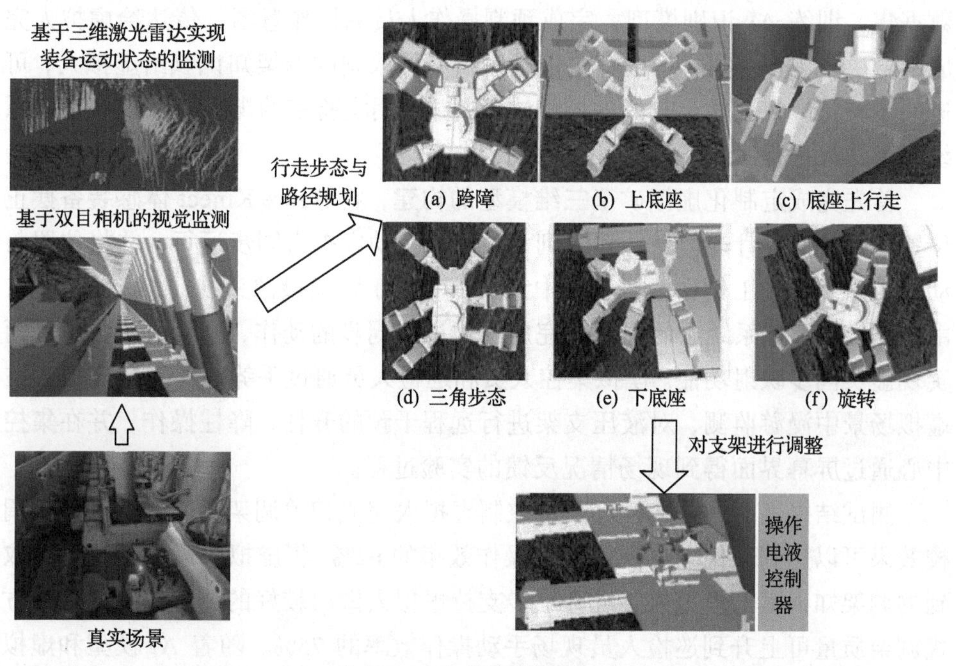

图 6-12　巡检机器人实验

在实验室环境下，先确定物理空间与虚拟空间统一的坐标基准，然后巡检机器人开始行走于综采工作面中，利用传感器获得监测信息，利用三维激光雷达来获取点云分析信息，将分析结果呈现到虚拟系统中。当监测到异常，机器人需要触发某台液压支架电液控制器上的按钮时，机器人根据环境分析步态，利用算法来规划路径，从而进行操作。测试结果表明，巡检机器人能对液压支架的状态进行监测，虚拟系统可基于监测结果对巡检机器人的动作与行走路线进行决策，并通过控制巡检机器人的运动来控制支架的动作。巡检机器人可代替巡检人员进入工作面巡检，提高了整体安全效率。但当前巡检机器人智能化程度还相对较低，仅可完成巡检人员操作的 50%功能。随着机器人动作、传感、控制等各功能模块的改进和优化，加之通过多台机器人协同运行的方式，预期调架效率还能进一步提升，发展潜力较大。

6.5.5 虚拟人测试

虚拟人运行于工业元宇宙的虚拟系统中，以 AI 和算法为支撑，在虚拟监测准确的前提下，根据监测结果进行虚拟决策与虚拟控制。目前，在做到虚拟人矿工与真实矿工同步动作，并通过体感交互的方式完成对装备操纵的基础上，可同步完成真实矿工各操作动作的人体骨骼信息采集，通过建立骨骼动作数据集，训练 AI 识别模型，完成预判操作人员的操作意图，传达给虚拟人完成部分决策工作。同时将虚拟决策子系统中提取到的调架知识赋给虚拟人，可进一步支持虚拟人做出较好的调架决策，并利用实验室的煤矿综采成套实验系统对虚拟人进行测试，如图 6-13 所示。

首先完成定制化虚拟矿工三维模型的构建，将 Azure Kinect 体感装备摆正位置，实时捕捉骨骼信息并传输到上位机，驱动虚拟人同步运行，并将位置与动作映射到综采工作面虚拟场景中。被试者站于距离摄像头约 1.5m 的位置自由动作，若虚拟系统中的虚拟人完成与被试者同步的动作，则运行正常，进而实现虚实同步映射功能。模拟集控人员和巡检人员通过手势动作控制虚拟人在虚拟场景中漫游监测，对液压支架进行远程干预的升柱、降柱操作，并在集控中心通过屏幕界面得到现场情况反馈的实验过程。

测试结果表明，被试者可同步控制虚拟人完成相关调架动作，此种调架调校效果可以达到巡检人员现场手动操作效率的 62%。将虚拟决策子系统中提取到的调架知识赋给虚拟人，可进一步支持虚拟人做出较好的调架行为，此种方式调架质量可上升到巡检人员现场手动操作效率的 75%。随着 AI 模型和虚拟人相关技术的不断突破，预计相关调架效率也可进一步提升。

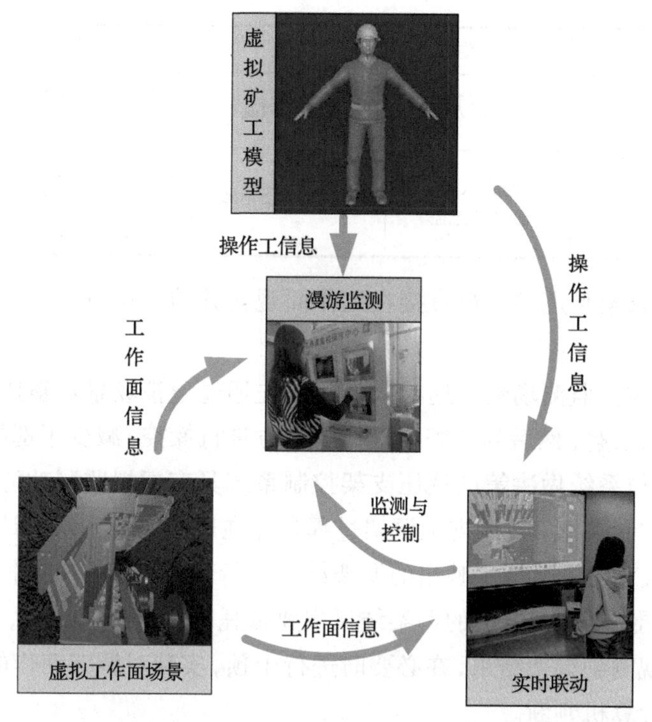

图 6-13　虚拟人测试

6.5.6　讨论

综采工作面液压支架操作方法涉及多个维度，现通过支架调架操作对这些方法进行对比分析，如表 6-2 所示。

表 6-2　工业元宇宙与数字孪生研究方法对比

序号	方法	种类	功能	意义	维度
1	人工调架	当前巡检人员巡检的调架运行	视觉观察和控制操作按钮	以人为决策的“单保险”	物理维度
2	由虚拟监测辅助的调架	巡检人员定点调架	虚拟监测、视觉观察和控制操作按钮	提升总体感知，减少巡检工作量	数字孪生
3	由虚拟系统做决策的液压支架控制系统	调度人员监督虚拟系统自动运行	虚拟监测、虚拟决策、虚拟控制	计算机+人决策的“双保险”	数字孪生
4	AR 远程协作技术	远程人员指导巡检人员操作	远程协作	双人决策+全局与局部视角融合的“三保险”	数字孪生

续表

序号	方法	种类	功能	意义	维度
5	巡检机器人技术	巡检机器人巡检	监测、控制	在“三保险”基础上提高人的安全性	工业元宇宙
6	虚拟人技术	依靠虚拟人对工作面整体把控	虚拟决策、虚拟控制	在“三保险”基础上，操作人员管理多个虚拟人，更好地解放操作人员	工业元宇宙

(1) 人工调架是巡检人员直接在工作面观察并结合自身经验，对液压支架进行决策控制。

(2) 基于虚拟监测场景，巡检人员可以先通过虚拟场景对整体综采工作面有一个大致的了解，然后到达需要操作的地方进行操控，减少了巡检的工作量。

(3) 由虚拟系统做决策的液压支架控制系统具有虚拟监测功能、虚拟决策功能和虚拟控制功能。液压支架调架过程是先在虚拟决策系统中计算出最优方案，再加上人对决策系统反映出的调架结果进行验证，最后由虚拟控制系统控制液压支架调架。这种方法的调架结果主要依托于计算机的计算，人也可以在虚拟系统中观测到调架结果，在必要时进行干预，实现对调架动作的“双保险”，即综合人和计算机判断。

(4) AR 远程协作技术的应用，使集控人员能够与现场巡检人员进行远程交流，并能使集控人员近距离地观察到现场的工作情况，也能使巡检人员获得来自远程的指导。在液压支架调架的过程中，决策结果由虚拟决策系统给出，集控人员可以看到虚拟系统中的调架结果，同时也可以通过 AR 远程与现场操作人员进行协作，近距离观察综采工作面液压支架的调架过程，实现了综合现场图像、集控人员和巡检人员两工种以及计算机的判断的“三保险”。

(5) 巡检机器人在综采工作面内主要是实现对工作面的监测和一些简单的操作。巡检机器人在综采工作面的使用可以代替现场工作人员的一些工作，从而提高现场工作人员的安全性。

(6) 虚拟人主要是运用 AI 技术，使虚拟人能有人的意志、能力、标准的操作、各种应对危险的应急能力。虚拟人存在于虚拟系统中，行走于虚拟场景中，能对虚拟系统内的变化自主做出决策。而人只需要对虚拟人进行监控即可。

从物理层面到数字孪生层面再到工业元宇宙层面，不断提高了综采工作面工作的可靠性，提高了人对工作面的感知与控制，为智能化工作面提供了基础，为人更好、更安全的工作提供了可能性。

6.6 本 章 小 结

本章对面向“虚实融合 4.0+”的工业元宇宙系统技术构想进行了案例研究。案例研究表明，工业元宇宙是以虚拟现实、数字孪生、信息物理系统等技术为基础并进一步的拓展，涉及综采工作面的监测、决策以及控制，能够有效提高工作面虚实融合能力和人机交互能力，为未来更高层级工业元宇宙驱动的综采工作面提供理论支撑、顶层框架和技术基础。本章得到的相关结论如下。

(1) 对虚实融合的综采工作面进行深入研究，探索从数字孪生到工业元宇宙的过渡路径，提出了工业元宇宙驱动的综采工作面构想。在工业元宇宙中，信息空间能够进行更多的运算、迭代与优化，为物理过程提供更完善的指导与支撑。为了实现数字孪生到工业元宇宙的过渡，应按照四大能力循序渐进，依次突破所涉及的关键技术。

(2) 人机协同技术是实现综采工作面工业元宇宙的关键，是工业元宇宙具备由实到虚精准的复制映射能力、虚拟迭代的推理预测决策能力、由虚到实的复制控制能力到虚拟与现实的人机无缝协作能力的基础。对 XR 人机协同、机器人驱动的人机协同等技术进行探索，为综采工作面人机协同提供了思路，有助于形成人机融合驱动的综采工作面运行模式。

(3) 基于工业元宇宙驱动的工作面系统框架与综采工作面人机协同模式的探索，认为人机融合驱动的工作面 AR 远程协作技术可提高人对工作面的感知，进而提高工作效率与准确性；巡检机器人技术可提高人的安全性；虚拟人技术减少了人的工作量，解放了劳动力，可更好地满足人的需求。借助工业元宇宙理念，融合现有的虚拟监测技术、虚拟决策技术与虚拟控制技术可以构建综采工作面智能化系统。

参考文献

[1] Malec M, Stańczak L. Innovative mining techniques and technologies—Review of selected KOMTECH-IMTech 2019 conference proceedings, part 2[J]. Mining Machines, 2020, (2): 13-25.

[2] Dubiński J. Sustainable development of mining mineral resources[J]. Journal of Sustainable Mining, 2013, 12(1): 1-6.

[3] Young A, Rogers P. A review of digital transformation in mining[J]. Mining, Metallurgy & Exploration, 2019, 36(4): 683-699.

[4] Mishra P K. Information technology in mining services applications[J]. Encyclopedia of Organizational Knowledge, Administration, and Technology, 2021, (1): 615-630.

[5] Horberry T, Burgess-Limerick R, Steiner L J. Human Factors for the Design, Operation, and Maintenance of Mining Equipment[M]. Boca Raton: CRC Press, 2016.

[6] Chen J C, Zhou L, Xia B W, et al. Numerical investigation of 3D distribution of mining-induced fractures in response to longwall mining[J]. Natural Resources Research, 2021, 30(1): 889-916.

[7] Peng S S, Du F, Cheng J Y, et al. Automation in U.S. longwall coal mining: A state-of-the-art review[J]. International Journal of Mining Science and Technology, 2019, 29(2): 151-159.

[8] Hao Y, Wu Y, Ranjith P G, et al. New insights on ground control in intelligent mining with internet of things[J]. Computer Communications, 2020, 150(12): 788-798.

[9] Tuncay D, Tulu I B, Klemetti T. Investigating different methods used for approximating pillar loads in longwall coal mines[J]. International Journal of Mining Science and Technology, 2021, 31(1): 23-32.

[10] Murthy V M S R, Tiwari M, Raina A K. Challenges in mining industry and addressing through research and innovation[J]. Helix, 2020, 10(1): 38-42.

[11] Einicke G A, Ralston J C, Hargrave C O, et al. Longwall mining automation an application of minimum-variance smoothing[Applications of Control][J]. IEEE Control Systems Magazine, 2008, 28(6): 28-37.

[12] Wojtecki Ł, Kurzeja J, Knopik M. The influence of mining factors on seismic activity during longwall mining of a coal seam[J]. International Journal of Mining Science and Technology, 2021, 31(3): 429-437.

[13] Wang J H, Huang Z H. The recent technological development of intelligent mining in China[J]. Engineering, 2017, 3(4): 439-444.

[14] Wang S B, Wang S J. Longwall mining automation horizon control: Coal seam gradient identification using piecewise linear fitting[J]. International Journal of Mining Science and

Technology, 2022, 32(4): 821-829.

[15] Mark R, Mallett C. Application of virtual reality technology to mine management[C]. The 1998 Coal Operators' Conference, Wollongong, 1998: 516-552.

[16] Ramkumar V. AR, VR help industry in 7 ways[J]. Control Engineering, 2018, 65(8): 42-43.

[17] Schmid M. Virtual reality in mining: VR worlds, VR simulators, VR team training; virtuelle realitaet im bergbau: VR welten, VR simulatoren and VR teamtraining[J]. Bergbau(Hattingen), 2005, 56: 491-495.

[18] Stothard P, Galvin J M. State of the art of virtual reality simulation technology and its applications in 2005[D]. Sydney: University of New South Wales, 2005.

[19] Pedram S. Evaluating virtual reality-based training programs for mine rescue brigades in new south wales(Australia)[D]. Wollongong: University of Wollongong, 2018.

[20] Pedram S, Skarbez R, Palmisano S, et al. Lessons learned from immersive and desktop VR training of mines rescuers[J]. Frontiers in Virtual Reality, 2021, 2: 627333.

[21] Onsel I E, Donati D, Stead D, et al. Applications of virtual and mixed reality in rock engineering[C]. The 52nd US Rock Mechanics/Geomechanics Symposium, Seattle, 2018: 17-20.

[22] 刘峰, 曹文君, 张建明, 等. 我国煤炭工业科技创新进展及“十四五”发展方向[J]. 煤炭学报, 2021, 46(1): 1-15.

[23] 王国法, 任怀伟, 赵国瑞, 等. 智能化煤矿数据模型及复杂巨系统耦合技术体系[J]. 煤炭学报, 2022, 47(1): 61-74.

[24] 陶飞, 刘蔚然, 张萌, 等. 数字孪生五维模型及十大领域应用[J]. 计算机集成制造系统, 2019, 25(1): 1-18.

[25] 葛世荣, 郝雪弟, 田凯, 等. 采煤机自主导航截割原理及关键技术[J]. 煤炭学报, 2021, 46(3): 774-788.

[26] 袁亮, 张平松. 煤矿透明地质模型动态重构的关键技术与路径思考[J]. 煤炭学报, 2023, 48(1): 1-14.

[27] Ralston J C, Reid D C, Dunn M T, et al. Longwall automation: Delivering enabling technology to achieve safer and more productive underground mining[J]. International Journal of Mining Science and Technology, 2015, 25(6): 865-876.

[28] 陶飞, 张贺, 戚庆林, 等. 数字孪生模型构建理论及应用[J]. 计算机集成制造系统, 2021, 27(1): 1-15.

[29] 陶飞, 张贺, 戚庆林, 等. 数字孪生十问: 分析与思考[J]. 计算机集成制造系统, 2020, 26(1): 1-17.

[30] 李浩, 王昊琪, 刘根, 等. 工业数字孪生系统的概念、系统结构与运行模式[J]. 计算机集成制造系统, 2021, 27(12): 3373-3390.

[31] Tao F, Qi Q L, Wang L H, et al. Digital twins and cyber-physical systems toward smart manufacturing and industry 4.0: Correlation and comparison[J]. Engineering, 2019, 5(4): 653-661.

[32] 陶飞，张辰源，张贺，等. 未来装备探索：数字孪生装备[J]. 计算机集成制造系统, 2022, 28(1): 1-16.

[33] 李普超，丁首辰，薛冰. 从汽车智能化发展到汽车行业“元宇宙”展望[J]. 内燃机与配件, 2021, (24): 164-166.

[34] 陶飞，程颖，程江峰，等. 数字孪生车间信息物理融合理论与技术[J]. 计算机集成制造系统, 2017, 23(8): 1603-1611.

[35] 黄捷. 元宇宙下的控制与决策综述[J]. 模式识别与人工智能, 2023, 36(2): 143-159.

[36] 王文喜，周芳，万月亮，等. 元宇宙技术综述[J]. 工程科学学报, 2022, 44(4): 744-756.

[37] 陶飞，刘蔚然，刘检华，等. 数字孪生及其应用探索[J]. 计算机集成制造系统, 2018, 24(1): 1-18.

[38] 谢嘉成，王学文，郝尚清，等. 工业互联网驱动的透明综采工作面运行系统及关键技术[J]. 计算机集成制造系统, 2019, 25(12): 3160-3169.

[39] 葛世荣，张帆，王世博，等. 数字孪生智采工作面技术架构研究[J]. 煤炭学报, 2020, 45(6): 1925-1936.

[40] Cong J C, Chen C H, Zheng P. Design entropy theory: A new design methodology for smart PSS development[J]. Advanced Engineering Informatics, 2020, 45: 101124.

[41] Li X Y, Chen C H, Zheng P, et al. A knowledge graph-aided concept-knowledge approach for evolutionary smart product-service system development[J]. Journal of Mechanical Design, 2020, 142(10): 101403.

[42] Stothard P, Squelch A, Stone R, et al. Towards sustainable mixed reality simulation for the mining industry[J]. Mining Technology, 2019, 128(4): 246-254.

[43] Pagoropoulos A, Maier A, McAloone T C. Assessing transformational change from institutionalising digital capabilities on implementation and development of product-service systems: Learnings from the maritime industry[J]. Journal of Cleaner Production, 2017, 166: 369-380.

[44] Mahut F, Daaboul J, Bricogne M, et al. Product-service systems for servitization of the automotive industry: A literature review[J]. International Journal of Production Research, 2017, 55(7): 2102-2120.

[45] Marilungo E, Peruzzini M, Germani M. Review of product-service system design methods[C]. International Conference on Product Lifecycle Management, 2016: 271-279.

[46] Xing K, Wang H F, Qian W. A sustainability-oriented multi-dimensional value assessment model for product-service development[J]. International Journal of Production Research, 2013, 51(19):

5908-5933.

[47] Pezzotta G, Pinto R, Pirola F, et al. Engineering product-service solutions: An application in the power and automation industry[C]. IFIP International Conference on Advances in Production Management Systems, Berlin, 2013: 218-225.

[48] Aurich J C, Fuchs C, de Vries M F. An approach to life cycle oriented technical service design[J]. CIRP Annals, 2004, 53(1): 151-154.

[49] Tichon J, Burgess-Limerick R. A review of virtual reality as a medium for safety related training in mining[J]. Journal of Health & Safety Research & Practice, 2011, 3(1): 33-40.

[50] Pedram S, Perez P, Palmisano S. Evaluating the influence of virtual reality-based training on workers' competencies in the mining industry[C]. The 13th International Conference on Modeling and Applied Simulation, New York, 2014: 60-64.

[51] Grabowski A, Jankowski J. Virtual reality-based pilot training for underground coal miners[J]. Safety Science, 2015, 72: 310-314.

[52] Foster P J, Burton A. Modelling potential sightline improvements to underground mining vehicles using virtual reality[J]. Mining Technology, 2006, 115(3): 85-90.

[53] Akkoyun O, Careddu N. Mine simulation for educational purposes: A case study[J]. Computer Applications in Engineering Education, 2015, 23(2): 286-293.

[54] Zhang H. Head-mounted display-based intuitive virtual reality training system for the mining industry[J]. International Journal of Mining Science and Technology, 2017, 27(4): 717-722.

[55] Kang H S, Lee J Y, Choi S, et al. Smart manufacturing: Past research, present findings, and future directions[J]. International Journal of Precision Engineering and Manufacturing—Green Technology, 2016, 3(1): 111-128.

[56] Aurich J C, Fuchs C, Wagenknecht C. Life cycle oriented design of technical product-service systems[J]. Journal of Cleaner Production, 2006, 14(17): 1480-1494.

[57] Komoto H, Tomiyama T. Design of competitive maintenance service for durable and capital goods using life cycle simulation[J]. International Journal of Automation Technology, 2009, 3(1): 63-70.

[58] Liu H, Chu X N, Xue D Y. An optimal concurrent product design and service planning approach through simulation-based evaluation considering the whole product life-cycle span[J]. Computers in Industry, 2019, 111: 187-197.

[59] González-Pérez L I, Ramírez-Montoya M S, García-Peñalvo F J, et al. Usability evaluation focused on user experience of repositories related to energy sustainability: A literature mapping[C]. The 5th International Conference on Technological Ecosystems for Enhancing Multiculturality, Cádiz, 2017: 1-11.

[60] Chang D N, Gu Z Y, Li F, et al. A user-centric smart product-service system development

approach: A case study on medication management for the elderly[J]. Advanced Engineering Informatics, 2019, 42: 100979.

[61] Garetti M, Rosa P, Terzi S. Life cycle simulation for the design of product-service systems[J]. Computers in Industry, 2012, 63(4): 361-369.

[62] Baxter D, Roy R, Doultsinou A, et al. A knowledge management framework to support product-service systems design[J]. International Journal of Computer Integrated Manufacturing, 2009, 22(12): 1073-1088.

[63] Sakao T, Shimomura Y, Sundin E, et al. Modeling design objects in CAD system for service/product engineering[J]. Computer-Aided Design, 2009, 41(3): 197-213.

[64] Bu L G, Chen C H, Ng K K H, et al. A user-centric design approach for smart product-service systems using virtual reality: A case study[J]. Journal of Cleaner Production, 2021, 280: 124413.

[65] Pirola F, Boucher X, Wiesner S, et al. Digital technologies in product-service systems: A literature review and a research agenda[J]. Computers in Industry, 2020, 123: 103301.

[66] Cong J C, Chen C H, Zheng P, et al. A holistic relook at engineering design methodologies for smart product-service systems development[J]. Journal of Cleaner Production, 2020, 272: 122737.

[67] Lööw J, Abrahamsson L, Johansson J. Mining 4.0—The impact of new technology from a work place perspective[J]. Mining, Metallurgy & Exploration, 2019, 36(4): 701-707.

[68] Wolfenstetter T, Basirati M R, Böhm M, et al. Introducing TRAILS: A tool supporting traceability, integration and visualisation of engineering knowledge for product service systems development[J]. Journal of Systems and Software, 2018, 144: 342-355.

[69] Hamid N S S, Aziz F A, Azizi A. Virtual reality applications in manufacturing system[C]. Science and Information Conference, London, 2014: 1034-1037.

[70] Bu L G, Chen C H, Zhang G, et al. A hybrid intelligence approach for sustainable service innovation of smart and connected product: A case study[J]. Advanced Engineering Informatics, 2020, 46: 101163.

[71] González Chávez C A, Despeisse M, Johansson B. State-of-the-art on product-service systems and digital technologies[J]. EcoDesign and Sustainability I: Products, Services, and Business Models, 2021, (1): 71-88.

[72] Schroeder G N, Steinmetz C, Pereira C E, et al. Digital twin data modeling with AutomationML and a communication methodology for data exchange[J]. IFAC-PapersOnLine, 2016, 49(30): 12-17.

[73] Loizou S, Elgammal A, Kumara I, et al. A smart product co-design and monitoring framework via gamification and complex event processing[C]. International Conference on Enterprise Information Systems, Prague, 2019: 237-244.

[74] Blichfeldt H, Faullant R. Performance effects of digital technology adoption and product & service innovation—A process-industry perspective[J]. Technovation, 2021, 105: 102275.

[75] 宋兆贵. LASC 技术在煤矿综采工作面自动化开采中的应用[J]. 神华科技, 2018, 16(10): 26-29.

[76] Semykina I, Grigoryev A, Gargayev A, et al. Unmanned mine of the 21st centuries[J]. E3S Web of Conferences, 2017, 21: 01016.

[77] 王国法, 刘峰, 孟祥军, 等. 煤矿智能化(初级阶段)研究与实践[J]. 煤炭科学技术, 2019, 47(8): 1-36.

[78] 姜德义, 魏立科, 王翀, 等. 智慧矿山边缘云协同计算技术架构与基础保障关键技术探讨[J]. 煤炭学报, 2020, 45(1): 484-492.

[79] Michal K, Leszek M, Sylwester K, et al. Optimizing mining production plan as a trade-off between resources utilization and economic targets in underground coal mines[J]. Gospodarka Surowcami Mineralnymi-Mineral Resources Management, 2020, 36(4): 49-74.

[80] 葛世荣, 郝尚清, 张世洪, 等. 我国智能化采煤技术现状及待突破关键技术[J]. 煤炭科学技术, 2020, 48(7): 28-46.

[81] 李爽, 贺超, 鹿乘, 等. 煤矿智能双重预防机制与智能安全管控平台研究[J]. 煤炭科学技术, 2023, 51(1): 464-473.

[82] 袁亮, 张通, 张庆贺, 等. 双碳目标下废弃矿井绿色低碳多能互补体系建设思考[J]. 煤炭学报, 2022, 47(6): 2131-2139.

[83] Ralston J C, Hargrave C O, Dunn M T. Longwall automation: Trends, challenges and opportunities[J]. International Journal of Mining Science and Technology, 2017, 27(5): 733-739.

[84] Bołoz Ł, Biały W. Automation and robotization of underground mining in Poland[J]. Applied Sciences, 2020, 10(20): 7221.

[85] Jonek-Kowalska I. Long-term analysis of the effects of production management in coal mining in Poland[J]. Energies, 2019, 12(16): 3146.

[86] Kasprzyczak L, Trenczek S, Cader M. Pneumatic robot for monitoring hazardous environments of coal mines[J]. Solid State Phenomena, 2013, 198: 120-125.

[87] Kasprzyczak L, Szwejkowski P, Cader M. Robotics in mining exemplified by mobile inspection platform[J]. Mining-Informatics, Automation and Electrical Engineering, 2016, 54(2): 23-28.

[88] Noort D, McCarthy P. The critical path to automated underground mining[C]. The 1st International Future Mining Conference, Sydney, 2008: 179-182.

[89] Novák P, Kot T, Babjak J, et al. Implementation of explosion safety regulations in design of a mobile robot for coal mines[J]. Applied Sciences, 2018, 8(11): 2300-2315.

[90] Ray D N, Das R, Sebastian B, et al. Design and analysis towards successful development of a

tele-operated mobile robot for underground coal mines[C]. Robotics and Factories of the Future, New Delhi, 2016: 589-602.

[91] Doroftei I, Baudoin Y. A concept of walking robot for humanitarian demining[J]. Industrial Robot, 2012, 39(5): 441-449.

[92] Ranjan A, Sahu H B, Misra P. Wireless robotics networks for search and rescue in underground mines[J]. Exploring Critical Approaches of Evolutionary Computation, 2019: 286-309.

[93] Bołoz Ł. Longwall shearers for exploiting thin coal seams as well as thin and highly inclined coal seams[J]. Mining-Informatics, Automation and Electrical Engineering, 2018, 534(1): 59.

[94] Bołoz Ł. Unique project of single-cutting head longwall shearer used for thin coal seams exploitation[J]. Archives of Mining Sciences, 2013, 58(4): 1057-1070.

[95] 葛世荣，胡而已，李允旺. 煤矿机器人技术新进展及新方向[J]. 煤炭学报，2023，48(1)：54-73.

[96] 谭玉新，杨维，徐子睿. 面向煤矿井下局部复杂空间的机器人三维路径规划方法[J]. 煤炭学报, 2017, 42(6): 1634-1642.

[97] 葛世荣，王忠宾，王世博. 互联网+采煤机智能化关键技术研究[J]. 煤炭科学技术，2016，44(7): 1-9.

[98] Zhao J C, Gao J Y, Zhao F Z, et al. A search-and-rescue robot system for remotely sensing the underground coal mine environment[J]. Sensors, 2017, 17(10): 2426.

[99] 马宏伟，王岩，杨林. 煤矿井下移动机器人深度视觉自主导航研究[J]. 煤炭学报，2020，45(6): 2193-2206.

[100] 杨健健，葛世荣，王飞跃，等. 平行掘进：基于 ACP 理论的掘-支-锚智能控制理论与关键技术[J]. 煤炭学报, 2021, 46(7): 2100-2111.

[101] 宋锐，郑玉坤，刘义祥，等. 煤矿井下仿生机器人技术应用与前景分析[J]. 煤炭学报，2020, 45(6): 2155-2169.

[102] 李森. 基于惯性导航的工作面直线度测控与定位技术[J]. 煤炭科学技术，2019，47(8)：169-174.

[103] 陈先中，刘荣杰，张森，等. 煤矿地下毫米波雷达点云成像与环境地图导航研究进展[J]. 煤炭学报, 2020, 45(6): 2182-2192.

[104] 黄曾华，南柄飞，张科学，等. 基于 Ethernet/IP 综采机器人一体化智能控制平台设计[J]. 煤炭科学技术, 2017, 45(5): 9-15.

[105] 王国法，杜毅博，任怀伟，等. 智能化煤矿顶层设计研究与实践[J]. 煤炭学报，2020，45(6): 1909-1924.

[106] 张旭辉，杨文娟，薛旭升，等. 煤矿远程智能掘进面临的挑战与研究进展[J]. 煤炭学报，2022, 47(1): 579-597.

[107] Brzychczy E, Kęsek M, Napieraj A, et al. The use of fuzzy systems in the designing of mining

process in hard coal mines[J]. Archives of Mining Sciences, 2014, 59(3): 741-760.

[108] Brzychczy E. The planning optimization system for underground hard coal mines[J]. Archives of Mining Sciences, 2011, 56(2): 161-178.

[109] Brzychczy E, Kęsek M, Napieraj A, et al. An expert system for underground coal mine planning[J]. Gospodarka Surowcami Mineralnymi, 2017, 33(2): 113-127.

[110] 谢嘉成, 王学文, 李祥, 等. 虚拟现实技术在煤矿领域的研究现状及展望[J]. 煤炭科学技术, 2019, 47(3): 53-59.

[111] 郭一楠, 杨帆, 葛世荣, 等. 知识驱动的智采数字孪生主动管控模式[J]. 煤炭学报, 2023, (S1): 1-12.

[112] Cai N, Xie J C, Wang X W, et al. Method for the relative pose reconstruction of hydraulic supports driven by digital twins[J]. IEEE Sensors Journal, 2023, 23(5): 4707-4719.

[113] 王学文, 谢嘉成, 郝尚清, 等. 智能化综采工作面实时虚拟监测方法与关键技术[J]. 煤炭学报, 2020, 45(6): 1984-1996.

[114] 范京道, 金智新, 王国法, 等. 煤矿智能化重构人与煤空间关系研究[J]. 中国工程科学, 2023, 25(2): 243-253.

[115] Xie J C, Wang X W, Yang Z J, et al. Attitude-aware method for hydraulic support groups in a virtual reality environment[J]. Proceedings of the Institution of Mechanical Engineers, Part C: Journal of Mechanical Engineering Science, 2019, 233(14): 4805-4818.

[116] Xie J C, Wang X W, Yang Z J, et al. Virtual monitoring method for hydraulic supports based on digital twin theory[J]. Mining Technology, 2019, 128(2): 77-87.

[117] Liu S G, Xie J C, Wang X W, et al. Mixed reality collaboration environment improves the efficiency of human-centered industrial system: A case study in the mining industry[J]. Computers & Industrial Engineering, 2023, 180: 109257.

[118] Sonkoly B, Haja D, Németh B, et al. Scalable edge cloud platforms for IoT services[J]. Journal of Network and Computer Applications, 2020, 170: 102785.

[119] Shahin M, Chen F F, Bouzary H, et al. Integration of lean practices and Industry 4.0 technologies: Smart manufacturing for next-generation enterprises[J]. The International Journal of Advanced Manufacturing Technology, 2020, 107(5): 2927-2936.

[120] Hou W G, Ning Z L, Guo L. Green survivable collaborative edge computing in smart cities[J]. IEEE Transactions on Industrial Informatics, 2018, 14(4): 1594-1605.

[121] Masood T, Egger J. Augmented reality in support of Industry 4.0—Implementation challenges and success factors[J]. Robotics and Computer-Integrated Manufacturing, 2019, 58: 181-195.

[122] Aheleroff S, Xu X, Zhong R Y, et al. Digital twin as a service(DTaaS) in Industry 4.0: An architecture reference model[J]. Advanced Engineering Informatics, 2021, 47: 101225.

[123] Egger J, Masood T. Augmented reality in support of intelligent manufacturing—A systematic

literature review[J]. Computers & Industrial Engineering, 2020, 140: 106195.

[124] Tan Z J, Qu H, Zhao J H, et al. UAV-aided edge/fog computing in smart IoT community for social augmented reality[J]. IEEE Internet of Things Journal, 2020, 7(6): 4872-4884.

[125] Illmer B, Vielhaber M. Synchronizing digital process twins between virtual products and resources—A virtual design method[J]. Procedia CIRP, 2019, 84: 532-537.

[126] Pérez L, Rodríguez-Jiménez S, Rodríguez N, et al. Digital twin and virtual reality based methodology for multi-robot manufacturing cell commissioning[J]. Applied Sciences, 2020, 10(10): 3633.

[127] Wang B C, Zheng P, Yin Y, et al. Toward human-centric smart manufacturing: A human-cyber-physical systems(HCPS) perspective[J]. Journal of Manufacturing Systems, 2022, 63: 471-490.

[128] Mikkonen T, Kemell K K, Kettunen P, et al. Exploring virtual reality as an integrated development environment for cyber-physical systems[C]. The 45th Euromicro Conference on Software Engineering and Advanced Applications(SEAA), Kallithea, 2019: 121-125.

[129] Müller-Zhang Z, Antonino P O, Kuhn T. Dynamic process planning using digital twins and reinforcement learning[C]. The 25th IEEE International Conference on Emerging Technologies and Factory Automation(ETFA), Vienna, 2020: 1757-1764.

[130] Sun X M, Bao J S, Li J, et al. A digital twin-driven approach for the assembly-commissioning of high precision products[J]. Robotics and Computer-Integrated Manufacturing, 2020, 61: 101839.

[131] Pérez L, Diez E, Usamentiaga R, et al. Industrial robot control and operator training using virtual reality interfaces[J]. Computers in Industry, 2019, 109: 114-120.

[132] Chadalavada R T, Andreasson H, Schindler M, et al. Bi-directional navigation intent communication using spatial augmented reality and eye-tracking glasses for improved safety in human-robot interaction[J]. Robotics and Computer-Integrated Manufacturing, 2020, 61: 101830.

[133] Hietanen A, Pieters R, Lanz M, et al. AR-based interaction for human-robot collaborative manufacturing[J]. Robotics and Computer-Integrated Manufacturing, 2020, 63: 101891.

[134] Stark E, Kučera E, Haffner O, et al. Using augmented reality and internet of things for control and monitoring of mechatronic devices[J]. Electronics, 2020, 9(8): 1272.

[135] Bogue R. The role of augmented reality in robotics[J]. Industrial Robot: The International Journal of Robotics Research and Application, 2020, 47(6): 789-794.

[136] Papcun P, Cabadaj J, Kajati E, et al. Augmented reality for humans-robots interaction in dynamic slotting "chaotic storage" smart warehouses[C]. IFIP International Conference on Advances in Production Management Systems, Cham, 2019: 633-641.

[137] Kostoláni M, Murín J, Kozák Š. Intelligent predictive maintenance control using augmented reality[C]. The 22nd International Conference on Process Control (PC19), Strbske Pleso, 2019: 131-135.

[138] Minoufekr M, Schug P, Zenker P, et al. Modelling of CNC machine tools for augmented reality assistance applications using Microsoft HoloLens[C]. The 16th International Conference on Informatics in Control, Automation and Robotics, Prague, 2019: 627-636.

[139] D'Adamo I, Falcone P M, Martin M, et al. A sustainable revolution: Let's go sustainable to get our globe cleaner[J]. Sustainability, 2020, 12 (11): 4387.

[140] Ostanin M, Yagfarov R, Devitt D, et al. Multi robots interactive control using mixed reality[J]. International Journal of Production Research, 2021, 59 (23): 7126-7138.

[141] Sun D, Liao Q F, Kiselev A, et al. Shared mixed reality-bilateral telerobotic system[J]. Robotics and Autonomous Systems, 2020, 134: 103648.

[142] Bataille G, Gouranton V, Lacoche J, et al. A unified design & development framework for mixed interactive systems[C]. The 15th International Joint Conference on Computer Vision, Imaging and Computer Graphics Theory and Applications, Valletta, 2020: 1-12.

[143] Fernández-Caramés T M, Fraga-Lamas P, Suárez-Albela M, et al. A fog computing and cloudlet based augmented reality system for the industry 4.0 shipyard[J]. Sensors, 2018, 18 (6): 1798.

[144] Takagi S, Kaneda J, Arakawa S, et al. An improvement of service qualities by edge computing in network-oriented mixed reality application[C]. The 6th International Conference on Control, Decision and Information Technologies (CoDIT), Paris, 2019: 773-778.

[145] Mukhopadhyay S, Liu Q, Collier E, et al. Context-aware design of cyber-physical human systems (CPHS) [C]. The International Conference on Communication Systems & Networks (COMSNETS), Bengaluru, 2020: 322-329.

[146] Sun C C, Puig V, Cembrano G. Real-time control of urban water cycle under cyber-physical systems framework[J]. Water, 2020, 12 (2): 406.

[147] Chen L W, Tsao C C, Chen H M, et al. Cyber-physical ubiquitous cycling with fuzzy-controlled panorama manifestation based on internet of things technologies[J]. IEEE Sensors Journal, 2019, 20 (5): 2748-2756.

[148] Wang Q Y, Jiao W H, Yu R, et al. Virtual reality robot-assisted welding based on human intention recognition[J]. IEEE Transactions on Automation Science and Engineering, 2019, 17 (2): 799-808.

[149] Arooj A, Farooq M S, Umer T, et al. Cyber physical and social networks in IoV (CPSN-IoV): A multimodal architecture in edge-based networks for optimal route selection using 5G technologies[J]. IEEE Access, 2020, 8: 33609-33630.

[150] Boccella A R, Centobelli P, Cerchione R, et al. Evaluating centralized and heterarchical control of smart manufacturing systems in the era of Industry 4.0[J]. Applied Sciences, 2020, 10(3): 755.

[151] Zhang H J, Yan Q, Wen Z H. Information modeling for cyber-physical production system based on digital twin and AutomationML[J]. The International Journal of Advanced Manufacturing Technology, 2020, 107(3): 1927-1945.

[152] Minerva R, Lee G M, Crespi N. Digital twin in the IoT context: A survey on technical features, scenarios, and architectural models[J]. Proceedings of the IEEE, 2020, 108(10): 1785-1824.

[153] Cai Y, Wang Y, Burnett M. Using augmented reality to build digital twin for reconfigurable additive manufacturing system[J]. Journal of Manufacturing Systems, 2020, 56: 598-604.

[154] Kowalczuk Z, Tatara M. Sphere drive and control system for haptic interaction with physical, virtual, and augmented reality[J]. IEEE Transactions on Control Systems Technology, 2019, 27(2): 588-602.

[155] 武俊. 黄白茨煤矿薄煤层工作面智能化控制系统的应用[J]. 煤炭科学技术, 2021, 49(S1): 46-52.

[156] 谢嘉成, 王学文, 杨兆建. 基于数字孪生的综采工作面生产系统设计与运行模式[J]. 计算机集成制造系统, 2019, 25(6): 1381-1391.

[157] 徐雪战, 孟祥瑞, 何叶荣, 等. 基于三维可视化与虚拟仿真技术的综采工作面生产仿真研究[J]. 中国安全生产科学技术, 2014, 10(1): 26-32.

[158] 孙政, 廉自生, 谢嘉成, 等. VR 环境下综采工作面三机网络协同操作系统研究[J]. 矿业研究与开发, 2018, 38(6): 94-98.

[159] 迟焕磊, 袁智, 曹琰, 等. 基于数字孪生的智能化工作面三维监测技术研究[J]. 煤炭科学技术, 2021, 49(10): 153-161.

[160] Xie J C, Liu S G, Wang X W. Framework for a closed-loop cooperative human cyber-physical system for the mining industry driven by VR and AR: MHCPS[J]. Computers & Industrial Engineering, 2022, 168: 108050.

[161] 王学文, 崔涛, 谢嘉成, 等. 考虑销轴间隙的液压支架运动虚拟仿真方法[J]. 煤炭科学技术, 2021, 49(2): 186-193.

[162] Mallett L, Unger R. Virtual reality in mine training[J]. Society for Mining, Metallurgy, and Exploration, 2007, (1): 1-4.

[163] Pedram S, Perez P, Palmisano S, et al. The factors affecting the quality of learning process and outcome in virtual reality environment for safety training in the context of mining industry[C]. International Conference on Applied Human Factors and Ergonomics, Cham, 2019: 404-411.

[164] Li M, Sun Z M, Jiang Z, et al. A virtual reality platform for safety training in coal mines with AI and cloud computing[J]. Discrete Dynamics in Nature and Society, 2020, (3): 1-7.

[165] Toraño J, Diego I, Menéndez M, et al. A finite element method(FEM)-fuzzy logic(soft computing)-virtual reality model approach in a coalface longwall mining simulation[J]. Automation in Construction, 2008, 17(4): 413-424.

[166] Toraño J, Rivas J M, Rodriguez R, et al. Use of FEM, fuzzy logic and virtual reality in the underground activities—Application to the longwall mining works[C]. The 14th International Symposium on Mine Planning and Equipment Selection, MPES 2005 and the 5th International Conference on Computer Applications in the Minerals Industries, Banff, 2005: 1-17.

[167] Orr T J, Mallet L G, Margolis K A. Enhanced fire escape training for mine workers using virtual reality simulation[J]. Mining Engineering, 2009, 61(11): 41-44.

[168] Harrod J. Enhancing mining education through the use of a scenario-based virtual reality simulation[D]. Brisbane: The University of Queensland, 2016.

[169] Gürer S, Surer E, Erkayaoğlu M. Mining-Virtual: A comprehensive virtual reality-based serious game for occupational health and safety training in underground mines[J]. Safety Science, 2023, 166: 106226.

[170] Stephen S. The integration of CFD and VR methods to assist auxiliary ventilation practice[D]. Nottingham: University of Nottingham, 2002.

[171] Li M, Sun Z, Jian Z, et al. A virtual reality simulation system for coal safety based on cloud rendering and AI technology[C]. International Conference on 5G for Future Wireless Networks, Cham, 2020: 497-508.

[172] Bednarz T, Caris C, Dranga O. Human-computer interaction experiments in an immersive virtual reality environment for e-learning applications[C]. The 20th Australasian Association for Engineering Education Conference, Adelaide, 2009: 834-839.

[173] Chuan Y. Application of virtual reality technology in training of substation in coal mining area[C]. International Conference on Applications and Techniques in Cyber Security and Intelligence, Cham, 2021: 117-123.

[174] Van Wyk E A, De Villiers M R. An evaluation framework for virtual reality safety training systems in the South African mining industry[J]. Journal of the Southern African Institute of Mining and Metallurgy, 2019, 119(5): 427-436.

[175] Li M, Chen J Z, Xiong W, et al. VRLane: A desktop virtual safety management program for underground coal mine[C]. Geoinformatics and Joint Conference on GIS and Built Environment: Geo-Simulation and Virtual GIS Environments, Guangzhou, 2008: 848-856.

[176] Stothard P. Developing and deploying high resolution interactive mine visualisations and training scenarios[J]. Sydney: University of New South Wales, 2008.

[177] Mitra R, Saydam S. Can artificial intelligence and fuzzy logic be integrated into virtual reality applications in mining?[J]. Journal of the South African Institute of Mining & Metallurgy, 2014,

114(12): 1009-1016.

[178] Danish E, Onder M. Application of fuzzy logic for predicting of mine fire in underground coal mine[J]. Safety and Health at Work, 2020, 11(3): 322-334.

[179] Wan L R, Gao L, Liu Z H, et al. The application of virtual reality technology in mechanized mining face[C]. The International Conference on Communication, Electronics and Automation Engineering, Heidelberg, 2013: 1055-1061.

[180] Bednarz T, James C, Widzyk-Capehart E, et al. Distributed collaborative immersive virtual reality framework for the mining industry[J]. Machine Vision and Mechatronics in Practice, 2015, (1): 39-48.

[181] Cai D, Baafi E, Porter I. Modelling a longwall production system using flexsim 3D simulation software[J]. Resources Engineering and Extractive Metallurgy, 2012, 9(14): 107-114.

[182] Kizil M S. Virtual reality applications in Australian minerals industry[J]. The South African Institute of Mining and Metallurgy, 2003, S31: 569-574.

[183] Dong Z F, Chang H, Zeng G, et al. Virtual reality of integrated mechanized top coal caving machine in longwall[J]. Computer Applications in the Mineral Industries, 2020, (1): 387-390.

[184] Pedram S, Perez P, Palmisano S, et al. The application of simulation (virtual reality) for safety training in the context of mining industry[C]. The 22nd International Congress on Modelling and Simulation, Hobart, 2017: 1-5.

[185] Zhou Z W, Feng Y P, Rong G, et al. Virtual reality based process integrated simulation platform in refinery: Virtual refinery and its application[J]. China Petroleum Processing & Petrochemical Technology, 2011, 13(3): 74-84.

[186] Miwa K, Takakuwa S. Operations modeling and analysis of an underground coal mine[C]. The Winter Simulation Conference (WSC), Phoenix, 2011: 1680-1690.

[187] Qu J C, Kizil M S, Yahyaei M, et al. Digital twins in the minerals industry—A comprehensive review[J]. Mining Technology, 2023, 132(4): 267-289.

[188] Rozmus M, Tokarczyk J, Michalak D, et al. Application of 3D scanning, computer simulations and virtual reality in the redesigning process of selected areas of underground transportation routes in coal mining industry[J]. Energies, 2021, 14(9): 2589.

[189] Toraño J, Rivas J, Rodríguez R, et al. Relationship between the geological and working parameters in high productivity longwalls in underground competitive coal mining of very thick seams[C]. International Conference on Computer Applications in the Minerals Industries, Calgary, 2005: 1-18.

[190] Vega A V, Madrigal O C, Kugurakova V. Fuzzy control model to determine the score in virtual reality-based appendectomy practices[C]. The Computational Methods in Systems and Software, Cham, 2021: 899-906.

[191] Yuan X, Xie J C, Gao F, et al. Assessment of shield support performance based on an innovative mathematical-physical model in longwall faces[J]. Proceedings of the Institution of Mechanical Engineers, Part C: Journal of Mechanical Engineering Science, 2022, 236(16): 8935-8954.

[192] Martin J A, De Pedro T, González C, et al. Fuzzy modeling for coal seams a case study for a hard-coal mine[C]. The 10th International Conference on Computer Aided Systems Theory, Las Palmas de Gran Canaria, 2005: 33-37.

[193] Cai D. Using Flexsim® to simulate the complex strategies of longwall mining production systems[D]. Wollongong: University of Wollongong, 2015.

[194] Okolnishnikov V, Rudometov S, Zhuravlev S. Simulating the various subsystems of a coal mine[J]. Engineering, Technology & Applied Science Research, 2016, 6(3): 993-999.

[195] Voss H W, Witthaus H, Junker M. Plough longwall operations under challenging geological conditions[J]. Mining Report, 2013, 149(S1): 5-16.

[196] Bessinger S L, Nelson M G. Remnant roof coal thickness measurement with passive gamma ray instruments in coal mines[J]. IEEE Transactions on Industry Applications, 1993, 29(3): 562-565.

[197] Li W, Luo C M, Yang H, et al. Memory cutting of adjacent coal seams based on a hidden Markov model[J]. Arabian Journal of Geosciences, 2014, 7(12): 5051-5060.

[198] Li S H, Xie J C, Wang X W, et al. A method of straightening armoured face conveyor based on space kinematics of reserve pushing mechanism[J]. Proceedings of the Institution of Mechanical Engineers, Part C: Journal of Mechanical Engineering Science, 2022, 236(6): 3073-3092.

[199] Shen H D, Xie J C, Li J L, et al. Collision detection of virtual powered support groups under complex floors[J]. IEEE Transactions on Instrumentation and Measurement, 2021, 70: 3522813.

[200] Xie J C, Yan Z W, Wang X W, et al. A memory cutting method of virtual shearer based on shape track prediction of AFC[J]. Mining, Metallurgy & Exploration, 2021, 38(5): 2005-2019.

[201] Jiao X B, Zhang X, Xie J C, et al. A virtual monitoring method of operation conditions for mining and transporting equipment based on real-time data[J]. Mining Technology, 2020, 129(4): 175-186.

[202] Xie J C, Yang Z J, Wang X W, et al. A virtual reality collaborative planning simulator and its method for three machines in a fully mechanized coal mining face[J]. Arabian Journal for Science and Engineering, 2018, 43(9): 4835-4854.

[203] Ge X, Xie J C, Wang X W, et al. A virtual adjustment method and experimental study of the support attitude of hydraulic support groups in propulsion state[J]. Measurement, 2020, 158:

107743.

[204] Li J L, Liu Y, Xie J C, et al. Cutting path planning technology of shearer based on virtual reality[J]. Applied Sciences, 2020, 10(3): 771.

[205] Kizil M S, Kerridge A P, Hancock M G. Use of virtual reality in mining education and training[J]. Cooperative Research Centre-Mining (CRC-Mining), 2004, (1): 1-7.

[206] Coelho D R, Coelho R R, Cardoso A. Use of virtual reality in process control in a mine in Brazil—A case study[J]. Anais do XIII Symposyum on Virtual and Augmented Reality, 2011, (1): 1-3.

[207] Shi H B, Xie J C, Wang X W, et al. An operation optimization method of a fully mechanized coal mining face based on semi-physical virtual simulation[J]. International Journal of Coal Science & Technology, 2020, 7(1): 147-163.

[208] Bednarz T P, Caris C, Thompson J, et al. Human-computer interaction experiments immersive virtual reality applications for the mining industry[C]. The 24th IEEE International Conference on Advanced Information Networking and Applications, Perth, 2010: 1323-1327.

[209] 谢嘉成. VR 环境下综采工作面“三机” 监测与动态规划方法研究[D]. 太原: 太原理工大学, 2018.

[210] 张帆, 葛世荣. 矿山数字孪生构建方法与演化机理[J]. 煤炭学报, 2023, 48(1): 510-522.

[211] Brzychczy E, Trzcionkowska A. Process-oriented approach for analysis of sensor data from longwall monitoring system[C]. International Conference on Intelligent Systems in Production Engineering and Maintenance, Cham, 2019: 611-621.

[212] 李梅, 毛善君, 赵明军. 煤矿智能地质保障系统研究进展与展望[J]. 煤炭科学技术, 2023, 51(2): 334-348.

[213] Chang O. Application of mixed and virtual reality in geoscience and engineering geology[D]. Vancouver: Simon Fraser University, 2021.

[214] Zhang L, Wang Z B, Liu X H. Development of a collaborative 3D virtual monitoring system through integration of cloud computing and multiagent technology[J]. Advances in Mechanical Engineering, 2014, 6: 1-10.

[215] 张登攀, 田振华, 王东升. 综采工作面三维在线监测系统研究[J]. 河南理工大学学报(自然科学版), 2017, 36(1): 97-102.

[216] 王学文, 刘曙光, 王雪松, 等. AR/VR 融合驱动的综采工作面智能监控关键技术研究与试验[J]. 煤炭学报, 2022, 47(2): 969-985.

[217] Lu Z X, Guo W, Zhao S F, et al. A cross-platform Web3D monitoring system of the three-machine equipment in a fully mechanized coalface based on the skeleton model and sensor data[J]. Journal of Sensors, 2020, (6): 1-14.

[218] 李娟莉, 沈宏达, 谢嘉成, 等. 基于数字孪生的综采工作面工业虚拟服务系统[J]. 计算机

集成制造系统, 2021, 27(2): 445-455.

[219] 李娟莉, 李梦辉, 谢嘉成, 等. 分布式实时运行数据驱动的液压支架群虚拟监测关键技术[J]. 北京理工大学学报, 2021, 41(10): 1023-1033.

[220] 毛善君, 鲁守明, 李存禄, 等. 基于精确大地坐标的煤矿透明化智能综采工作面自适应割煤关键技术研究及系统应用[J]. 煤炭学报, 2022, 47(1): 515-526.

[221] 李娟莉, 姜朔, 谢嘉成, 等. 基于采煤机截割路径的动态三维地质模型构建方法[J]. 东北大学学报(自然科学版), 2021, 42(5): 706-712.

[222] 王世博, 葛世荣, 王世佳, 等. 长壁综采工作面无人自主开采发展路径与挑战[J]. 煤炭科学技术, 2022, 50(2): 231-243.

[223] Ziegler M. Digital twin based method to monitor and optimize belt conveyor maintenance and operation[J]. Research Online, 2019, (1): 125-132.

[224] 胡亚辉, 赵国瑞, 吴群英. 面向煤矿智能化的 5G 关键技术研究[J]. 煤炭科学技术, 2022, 50(2): 223-230.

[225] Ralston J, Reid D, Hargrave C, et al. Sensing for advancing mining automation capability: A review of underground automation technology development[J]. International Journal of Mining Science and Technology, 2014, 24(3): 305-310.

[226] 王学文, 李素华, 谢嘉成, 等. 机器人运动学与时序预测融合驱动的刮板输送机调直方法[J]. 煤炭学报, 2021, 46(2): 652-666.

[227] Wang B B, Xie J C, Wang X W, et al. A new method for measuring the attitude and straightness of hydraulic support groups based on point clouds[J]. Arabian Journal for Science and Engineering, 2021, 46(12): 11739-11757.

[228] Feng Z, Xie J C, Yan Z W, et al. An information processing method of software and hardware coupling for VR monitoring of hydraulic support groups[J]. Multimedia Tools and Applications, 2023, 82(12): 19067-19089.

[229] Kahraman M M, Erkayaoglu M. A data-driven approach to control fugitive dust in mine operations[J]. Mining, Metallurgy & Exploration, 2021, 38(1): 549-558.

[230] Suh J. Utilization of augmented and virtual reality technologies in geoscience and mining[J]. Journal of the Korean Society of Mineral and Energy Resources Engineers, 2019, 56(5): 468-479.

[231] Li T D, Wang J R, Zhang K, et al. Mechanical analysis of the structure of longwall mining hydraulic support[J]. Science Progress, 2020, 103(3): 36850420936479.

[232] Ralston J C, James C A R, Hainsworth D W. Digital mining: Past, present, and future[J]. Extracting Innovations, 2018, (1): 91-113.

[233] 任怀伟, 王国法, 赵国瑞, 等. 智慧煤矿信息逻辑模型及开采系统决策控制方法[J]. 煤炭学报, 2019, 44(9): 2923-2935.

[234] Belyi A M, Nikitenko M S. Technology of augmented reality applications in dispatching control of industry processes and mining[J]. IOP Conference Series: Earth and Environmental Science, 2018, 206: 012044.

[235] Žibret G. Vision of the mine of the future[C]. EGU General Assembly Conference, Vienna, 2021.

[236] 王国法. 煤矿智能化最新技术进展与问题探讨[J]. 煤炭科学技术, 2022, 50(1): 1-27.

[237] 付翔, 王然风, 赵阳升. 液压支架群组跟机推进行为的智能决策模型[J]. 煤炭学报, 2020, 45(6): 2065-2077.

[238] 张旭辉, 王甜, 张超, 等. 数字孪生驱动的悬臂式掘进机虚拟示教记忆截割方法研究[J]. 煤炭学报, 2022, (1): 1-13.

[239] 陈龙, 王晓, 杨健健, 等. 平行矿山: 从数字孪生到矿山智能[J]. 自动化学报, 2021, 47(7): 1633-1645.

[240] Szurgacz D, Trzop K, Gil J, et al. Numerical study for determining the strength limits of a powered longwall support[J]. Processes, 2022, 10(3): 527.

[241] Edelbro C, Ylitalo R, Furtney J. Pilot study of the use of augmented reality (AR) in rock mechanics[J]. IOP Conference Series: Earth and Environmental Science, 2021, 833(1): 012166.

[242] Fang J, Fan C, Wang F R, et al. Augmented reality platform for the unmanned mining process in underground mines[J]. Mining, Metallurgy & Exploration, 2022, 39(2): 385-395.

[243] Kizilov S A, Nikitenko M S, Neogi B. Concept of mobile operator position based on neurocomputer interface and augmented reality[J]. IOP Conference Series: Materials Science and Engineering, 2018, 354: 012016.

[244] Marinkovic D, Zehn M. Survey of finite element method-based real-time simulations[J]. Applied Sciences, 2019, 9(14): 2775.

[245] Xu G, Luxbacher K D, Ragab S, et al. Computational fluid dynamics applied to mining engineering: A review[J]. International Journal of Mining, Reclamation and Environment, 2017, 31(4): 251-275.

[246] 谢嘉成, 房舒凯, 王学文, 等. "人本智造与 XR+" 驱动的综采工作面人机协同智能化运行模式探索与实践[J]. 煤炭学报, 2023, 48(2): 1099-1114.

[247] 闫泽文, 谢嘉成, 李素华, 等. 基于虚拟现实与数字孪生技术的综采工作面直线度求解[J]. 工矿自动化, 2023, 49(2): 31-37.

[248] Zhou J, Zhou Y H, Wang B C, et al. Human-cyber-physical systems (HCPSs) in the context of new-generation intelligent manufacturing[J]. Engineering, 2019, 5(4): 624-636.

[249] Liu M N, Fang S L, Dong H Y, et al. Review of digital twin about concepts, technologies, and industrial applications[J]. Journal of Manufacturing Systems, 2021, 58: 346-361.

[250] Ren P, Li J Z, Yang D Y. The research on model construction and application of coal mine CPS perception and control layer[J]. International Journal of Embedded Systems, 2019, 11(4): 483-492.

[251] 高风臑. 基于 Unity3D 的综采工作面全景虚拟现实漫游系统的设计与实现[D]. 太原: 太原理工大学, 2018.

[252] Okolnishnikov V, Rudometov S, Zhuravlev S. Simulation as a tool for debugging and testing of control programs for process control systems in coal mining[J]. International Journal of Systems Applications, Engineering & Development, 2015, 9: 1-6.

[253] 王世博, 葛世荣, 邹文才, 等. 综采工作面半实物仿真系统技术架构[J]. 智能矿山, 2020, (1): 125-131.

[254] 孙梦祯, 李娟莉, 谢嘉成, 等. 综采工作面虚拟监测系统界面交互设计[J]. 包装工程, 2022, 43(6): 134-142.

[255] Yuan Z, Chi H L, Cao Y. Design and application of automatic control system for fully mechanized mining face in coal mine[J]. Advances in Multimedia, 2022, (3): 5024324.

[256] Liu X F, Nie W, Hua Y, et al. Behavior of diesel particulate matter transport from subsidiary transportation vehicle in mine[J]. Environmental Pollution, 2021, 270: 116264.

[257] 马南峰, 姚锡凡, 陈飞翔, 等. 面向工业 5.0 的人本智造[J]. 机械工程学报, 2022, 58(18): 88-102.

[258] 王柏村, 黄思翰, 易兵, 等. 面向智能制造的人因工程研究与发展[J]. 机械工程学报, 2020, 56(16): 240-253.

[259] Xie J C, Li S H, Wang X W. A digital smart product service system and a case study of the mining industry: MSPSS[J]. Advanced Engineering Informatics, 2022, 53: 101694.

[260] Zheng P, Li X Y, Peng T, et al. Industrial smart product-service system development for lifecycle sustainability concerns[J]. IET Collaborative Intelligent Manufacturing, 2020, 2(4): 197-201.

[261] Chiu M C, Huang J H, Gupta S, et al. Developing a personalized recommendation system in a smart product service system based on unsupervised learning model[J]. Computers in Industry, 2021, 128: 103421.

[262] Cong J C, Zheng P, Bian Y, et al. A machine learning-based iterative design approach to automate user satisfaction degree prediction in smart product-service system[J]. Computers & Industrial Engineering, 2022, 165: 107939.

[263] Wang Z X, Chen C H, Li X Y, et al. A context-aware concept evaluation approach based on user experiences for smart product-service systems design iteration[J]. Advanced Engineering Informatics, 2021, 50: 101394.

[264] Li X Y, Wang Z X, Chen C H, et al. A data-driven reversible framework for achieving

sustainable smart product-service systems[J]. Journal of Cleaner Production, 2021, 279: 123618.

[265] Wang Z X, Chen C H, Zheng P, et al. A graph-based context-aware requirement elicitation approach in smart product-service systems[J]. International Journal of Production Research, 2021, 59(2): 635-651.

[266] Watanabe K, Okuma T, Takenaka T. Evolutionary design framework for smart PSS: Service engineering approach[J]. Advanced Engineering Informatics, 2020, 45: 101119.

[267] Dhouib S. Shortest path planning via the rapid Dhouib-Matrix-SPP(DM-SPP) method for the autonomous mobile robot[J]. Results in Control and Optimization, 2023, 13: 100299.

[268] 张旭辉，张超，王妙云，等. 数字孪生驱动的悬臂式掘进机虚拟操控技术[J]. 计算机集成制造系统, 2021, 27(6): 1617-1628.

[269] 国际能源网. 61 起事故!106 人遇难!2021 年上半年能源安全原创事故大汇总![EB/OL]. https://www.sohu.com/a/474841103_257552[2023-05-25].

[270] Guerlain C, Cortina S, Renault S. Towards a collaborative geographical information system to support collective decision making for urban logistics initiative[J]. Transportation Research Procedia, 2016, 12: 634-643.

[271] Jiao X B, Xie J C, Wang X W, et al. Intelligent decision method for the position and attitude self-adjustment of hydraulic support groups driven by a digital twin system[J]. Measurement, 2022, 202: 111722.

[272] Darling P. Sme Mining Engineering Handbook[M]. 3rd ed. New York: Society for Mining, Metallurgy & Exploration, 2011.

[273] Sörensen A, Nienhaus K, Clausen E. Smart mining—Today and tomorrow[J]. Mining Report, 2020, 156(3): 214-218.

[274] 武春龙，朱天明，张鹏，等. 基于功能模型和层次分析法的智能产品服务系统概念方案构建[J]. 中国机械工程, 2020, 31(7): 853-864.

[275] Mahdinia M, Yarandi M S, Jafarinia E, et al. Development of a new technique for safety risk assessment in construction projects based on fuzzy analytic hierarchy process[J]. ASCE-ASME Journal of Risk and Uncertainty in Engineering Systems, Part A: Civil Engineering, 2021, 7(3): 04021037.

[276] Bai Z G, Liu Q M, Liu Y. Risk assessment of water inrush from coal seam roof with an AHP-CRITIC algorithm in Liuzhuang Coal Mine, China[J]. Arabian Journal of Geosciences, 2022, 15(4): 364.

[277] Falsini D, Fondi F, Schiraldi M M. A logistics provider evaluation and selection methodology based on AHP, DEA and linear programming integration[J]. International Journal of Production Research, 2012, 50(17): 4822-4829.

[278] Mahato R, Bushi D, Nimasow G, et al. AHP and GIS-based delineation of groundwater potential of papum pare district of Arunachal pradesh, India[J]. Journal of the Geological Society of India, 2022, 98(1): 102-112.

[279] Sakhardande M J, Gaonkar R S P. On solving large data matrix problems in fuzzy AHP[J]. Expert Systems with Applications, 2022, 194: 116488.

[280] Xie J C, Yang Z J, Wang X W, et al. A cloud service platform for the seamless integration of digital design and rapid prototyping manufacturing[J]. The International Journal of Advanced Manufacturing Technology, 2019, 100(5): 1475-1490.

[281] 王学文, 谢嘉成, 李素华, 等. VR/AR 技术在智能化综采工作面建设中的应用现状与展望[J]. 智能矿山, 2020(1): 132-136.

[282] Xie J C, Yan Z W, Wang X W. A VR-based interactive teaching and practice environment for supporting the whole process of mining engineering education[J]. Mining Technology, 2023, 132(2): 89-105.

[283] Zhao X W, Tao B, Qian L, et al. Model-based actor-critic learning for optimal tracking control of robots with input saturation[J]. IEEE Transactions on Industrial Electronics, 2020, 68(6): 5046-5056.

[284] El Zaatari S, Wang Y Q, Li W D, et al. iTP-LfD: Improved task parametrised learning from demonstration for adaptive path generation of cobot[J]. Robotics and Computer-Integrated Manufacturing, 2021, 69: 102109.

[285] Moss A, Krieg M, Mohseni K. Modeling and characterizing a fiber-reinforced dielectric elastomer tension actuator[J]. IEEE Robotics and Automation Letters, 2021, 6(2): 1264-1271.

[286] Peng G Z, Chen C L P, Yang C G. Neural networks enhanced optimal admittance control of robot-environment interaction using reinforcement learning[J]. IEEE Transactions on Neural Networks and Learning Systems, 2021, 33(9): 4551-4561.

编 后 记

“博士后文库”是汇集自然科学领域博士后研究人员优秀学术成果的系列丛书。“博士后文库”致力于打造专属于博士后学术创新的旗舰品牌，营造博士后百花齐放的学术氛围，提升博士后优秀成果的学术影响力和社会影响力。

“博士后文库”出版资助工作开展以来，得到了全国博士后管委会办公室、中国博士后科学基金会、中国科学院、科学出版社等有关单位领导的大力支持，众多热心博士后事业的专家学者给予积极的建议，工作人员做了大量艰苦细致的工作。在此，我们一并表示感谢！

“博士后文库”编委会